AF243199

ÉTUDE

SUR LES

INSECTES VÉSICANTS

EN GÉNÉRAL

ET

ESSAI SUR QUELQUES ESPÈCES EXOTIQUES

EN PARTICULIER

Par Louis AUBERT

DOCTEUR EN MÉDECINE

Médecin de 2e Classe de la Marine.

MONTPELLIER

TYPOGRAPHIE ET LITHOGRAPHIE DE BOEHM ET FILS

ÉDITEURS DU MONTPELLIER MÉDICAL,

IMPRIMEURS DE LA GAZETTE HEBDOMADAIRE DES SCIENCES MÉDICALES.

1887.

ÉTUDE

SUR LES

INSECTES VÉSICANTS

EN GÉNÉRAL

ET

ESSAI SUR QUELQUES ESPÈCES EXOTIQUES

EN PARTICULIER

Par Louis AUBERT

DOCTEUR EN MÉDECINE

Médecin de 2ᵉ Classe de la Marine.

MONTPELLIER

TYPOGRAPHIE ET LITHOGRAPHIE DE BOEHM ET FILS

ÉDITEURS DU MONTPELLIER MÉDICAL,

IMPRIMEURS DE LA GAZETTE HEBDOMADAIRE DES SCIENCES MÉDICALES.

1887.

A LA MÉMOIRE DE MA MÈRE

A MON PÈRE

A MON FRÈRE AINÉ

A MA SŒUR ET A MES FRÈRES

A. M. F. M. M. J.

MEIS ET AMICIS

L. AUBERT.

A Monsieur le Docteur BÉRENGER-FÉRAUD

Directeur du service de Santé de la Marine à Toulon,
Membre correspondant
de l'Académie de Médecine et de la Société de Chirurgie.

A Monsieur le Docteur BARTHÉLEMY

Directeur du service de Santé de la Marine à Brest.

A Monsieur le Docteur FÉLIX THOMAS

Médecin en Chef de la Marine à Toulon.

L. AUBERT.

INTRODUCTION.

Tout ce qui touche à l'histoire naturelle a toujours eu pour moi un attrait particulier ; un séjour de longue durée au Sénégal, des voyages nombreux dans nos colonies de l'Extrême-Orient, la Cochinchine et le Tonkin, n'ont fait que développer ce goût déjà prononcé pour ce genre d'études. C'est ainsi qu'en simple amateur j'ai occupé mes loisirs à recueillir sous les tropiques tout ce qui m'est tombé sous la main : oiseaux, reptiles, coquilles, graines, minéraux, avec lesquels j'ai pu faire bien des heureux, à mes retours en France, dans le monde si nombreux et toujours en quête, des collectionneurs. De là à choisir pour ma Thèse inaugurale un sujet d'histoire naturelle, il n'y avait qu'un pas, et les insectes de la tribu des Vésicants, dont les mœurs sont si étranges et l'emploi en médecine si répandu, m'ont semblé réunir les conditions voulues pour faire l'objet de cette étude. Si j'ai un regret à exprimer à cette place, c'est d'avoir, relativement, songé si tard au choix d'un pareil sujet : j'eusse pu apporter à cette étude un nombre bien plus grand d'expériences et disposer d'une plus grande quantité d'échantillons.

J'ai, Dieu merci ! trouvé chez quelques collectionneurs de mes amis assez de générosité pour pouvoir rentrer en possession d'une partie des espèces dont je leur avais fait don, et j'ai pu ainsi établir ce modeste travail, tel qu'il est. Je serai vraiment heureux s'i l peut satisfaire mes Maîtres et être de quelque utilité à mes Collègues, les médecins de la Marine.

Avant d'exposer ce travail, qu'il nous soit permis de témoigner à nos Maîtres de cette École toute notre gratitude pour l'accueil sympathique et bienveillant que nous avons reçu d'eux, et de remercier tout particuliérement M. le professeur Planchon, M. le professeur Heckel et M. le professeur-agrégé Courchet d'avoir bien voulu nous diriger dans cette étude.

ÉTUDE SUR LES
INSECTES VÉSICANTS

EN GÉNÉRAL

ET

ESSAI SUR QUELQUES ESPÈCES EXOTIQUES EN PARTICULIER

I.

HISTOIRE NATURELLE MÉDICALE.

Définition. — Les insectes qui font l'objet de cette étude ont reçu le nom de Vésicants parce que la plupart des espèces qui composent ce groupe contiennent un principe spécial : la Cantharidine, et que c'est à cette substance irritante qu'ils doivent, lorsqu'on les applique sur la peau, la propriété de décoller l'épiderme et de produire des phlyctènes, propriété connue des anciens et qui a valu à ces insectes d'être employés en médecine dès la plus haute antiquité.

Classification. — Les Coléoptères qui nous occupent ont été placés par les entomologistes dans la 2º section de cet ordre des Insectes, celle des Hétéromères, section ou sous-ordre caractérisé par la présence, chez ces animaux, de cinq articles aux quatre tarses antérieurs, et quatre articles seulement aux deux tarses postérieurs, tandis que les Pentamères, qui les précèdent, et les Trimères, qui les suivent dans cette classification, en ont : les premiers cinq et les seconds trois à tous les tarses. Enfin, dans la classification de Latreille, ils appartiennent à la famille des Trachélides, dont ils constituent la 6e tribu sous le nom de Cantharides ou Vésicants.

La tribu des Vésicants se subdivise elle-même en plusieurs sous-tribus ou groupes, et dans des classifications relativement peu anciennes (1866) nous trouvons établies quatre sous-tribus : les Méloïdes, les Mylabres, les Cantharides et les Œdémères. Plus récemment, les Œdémères, qui ne possèdent pas du reste les propriétés vésicantes des trois premières sous-tribus, en ont été distraits et forment une tribu à part ; mais on a réuni aux Vésicants les Horiales, insectes peu nombreux du reste et se rapprochant de ceux-ci par leurs caractères, la forme générale du corps et leurs mœurs parasites, de sorte que nous pouvons dire que la tribu des Vésicants comprend encore quatre sous-tribus : 1° les Méloïdes, 2° les Horiales, 3° les Mylabres, 4° les Cantharides.

Caractères. — La tête à sommet fortement penché, placée perpendiculairement, rétrécie au cou en arrière et visible dans toute son étendue ; des antennes tantôt simples et filiformes, tantôt grossissant et s'épaississant insensiblement vers leurs extrémités, munies de neuf à onze articles et s'insérant latéralement et au-devant des yeux ; le corselet, dont le bord antérieur est plus étroit que la tête et dont le bord postérieur se trouve beaucoup plus étroit que les élytres, celles-ci molles, flexibles et embrassant imparfaitement l'abdomen, les hanches antérieures et médianes grandes, rapprochées, les tarses antérieurs et médians avec cinq articles, les postérieurs avec quatre seulement et les griffes bifurquées mais inégales : tels sont les caractères propres à la tribu des Vésicants.

Distribution géographique. — Les espèces qui composent la tribu des Vésicants, et dont le nombre est assez considérable, puisqu'il ne s'élèverait pas à moins de 800, d'après le dernier catalogue de Gemminger et Horald, sont répandues sur toute la surface du globe et vivent sous presque toutes les latitudes ; mais, d'une façon générale, on peut dire pourtant qu'ils habitent de préférence les contrées chaudes et tempérées des deux hémisphères, car c'est dans ces régions qu'on en rencontre le plus grand nombre.

Mœurs, habitudes, métamorphoses. — Si les Vésicants sont bien connus depuis longtemps à l'état parfait, on ne peut en dire autant des premiers états de ces insectes, et c'est assurément à leurs mœurs si singulières, si différentes en somme de tout ce qui était connu pour les autres insectes de l'ordre des Coléoptères, qu'il faut attribuer l'obscurité qui pendant un si grand nombre d'années a régné sur les morphoses de cette famille.

Dès le siècle dernier, Goedart, Frish, de Geer, avaient pu obtenir des pontes de femelles de Méloé et observer l'éclosion des larves ; mais on croyait, à l'époque, que ces larves vivaient de racines et de plantes, et dès lors l'éducation en fut impossible. On ne soupçonnait certes pas que le petit insecte habitant le corps de certains Hyménoptères, dénommé Pediculus apis par Linné, et plus tard Triungulinus andrenetarum par Léon Dufour, pût être la première forme d'un Vésicant. Bien que Le Pelletier de Saint-Fargeau et Serville aient reconnu, les premiers, cette similitude et que Latreille ait pu soupçonner le parasitisme des Méloés, c'est pourtant à Newport que revient l'honneur d'avoir, en 1851, donné la description du développement complet de ces insectes, depuis leur sortie de l'œuf jusqu'à leur transformation en insectes parfaits.

Quelques années plus tard, Fabre, après des essais, sur les Sitaris, si infructueux qu'il s'écrie lui-même dans ses *Nouveaux*

souvenirs entomologiques : « Jamais expérience n'a subi pareille
déconfiture ; larves, nymphes, cellules, miel, etc., je vous ai tout
offert ; que voulez-vous donc, bestioles maudites ? » Fabre, dis-je,
auquel Léon Dufour venait de faire connaître que l'animalcule
trouvé par lui sur les Andrènes et décrit sous le nom générique
de Triungulinus avait été reconnu plus tard par Newport comme
étant la larve d'un Méloé, fut mis sur la voie de la vérité.
« J'avais trouvé précisément, dit-il, quelques Méloés dans les cellules de la même Anthophore qui nourrit les Sitaris ; y aurait-il
parité de mœurs entre les deux genres d'insectes ? Ce fut pour
moi un trait de lumière. » Ce trait de lumière ne tarda pas à por-
ter ses fruits, car dès 1857 les *Annales des Sciences naturelles* pu-
blièrent les magnifiques découvertes du savant Professeur d'Avi-
gnon touchant les métamorphoses des Vésicants. C'est dans les
études de Fabre sur les Sitaris que nous puiserons les notions
nécessaires à la connaisance des premiers états des Vésicants, et,
comme tous les faits connus jusqu'à ce jour ont prouvé que dans
cette famille les mœurs étaient à peu de chose près les mêmes
chez les diverses espèces qui la composent, il nous suffira, après
avoir reproduit celles des Sitaris, de montrer les différences qui
existent avec les mœurs des autres espèces observées.

Les chapitres XIV, XV et XVII de ses *Nouveaux souvenirs entomologiques* sont consacrés par Fabre à l'étude des mœurs et des
métamorphoses des Sitaris ; il nous y donne, avec des détails mi-
nutieux, la série des expériences auxquelles il s'est livré pour
arriver à son admirable découverte. Il serait assurément trop
long et peut-être hors du sujet que nous voulons traiter de reproduire en entier les admirables pages de ce travail. Nous es-
sayerons donc de les résumer, mais en nous réservant la faculté
d'emprunter fréquemment au texte, car on ne saurait dire mieux
et dans un style plus élégant.

«Les hauts talus argilo-sablonneux de Carpentras sont lieux
de prédilection pour une foule d'Hyménoptères, amis des expo

sitions ensoleillées et des sols d'exploitation facile ; là, dans le
mois de mai, abondent surtout deux Anthophores, ouvrières en
miel et cellules souterraines, et sur des étendues de plusieurs pas
de longueur la paroi est forée d'une multitude d'orifices qui
donnent à la masse terreuse l'aspect de quelque énorme éponge.
Ces trous arrondis semblent l'œuvre d'une tarière, tant ils sont
réguliers. Chacun est l'entrée d'un corridor flexueux qui plonge
à 2 ou 3 décim. Au fond, sont distribuées les cellules.» Plus tard,
vers la fin de l'été, les abeilles ont disparu, «mais, à quelques
pouces de profondeur dans le sol, reposent, jusqu'au printemps
prochain, des milliers de larves et de nymphes enfermées dans
leurs cellules d'argile. Des proies succulentes, incapables de dé-
fense, engourdies comme le sont ces larves, ne pourraient-elles
tenter quelques parasites assez industrieux pour les atteindre ? »
En effet, si à cette époque on observe les nids des Anthophores,
on remarque que, le long des talus à pic dans lesquels sont creu-
sées les galeries et jusque dans les galeries elles-mêmes, des
araignées ont filé leurs toiles et qu'à ces toiles se trouvent appendus
en grand nombre les cadavres d'un Vésicant, la Sitaris hume-
ralis. «Parmi ces cadavres circulent, affairés, amoureux, insou-
ciants de la mort, des Sitaris mâles s'accouplant avec la première femelle qui passe à leur portée, tandis que les femelles
fécondées enfoncent leur volumineux abdomen dans l'orifice d'une
galerie et y disparaissent à reculons. Il est impossible de s'y
méprendre : quelque grave intérêt amène en ces lieux ces deux
insectes, qui dans un petit nombre de jours apparaissent, s'ac-
couplent, pondent et meurent aux portes mêmes des habitations.
Mais fouillons le sol et examinons ce qui s'y passe ; peut-être y
trouverons-nous des témoins du parasitisme présumé. Dès les
premiers jours d'août, «dans les cellules de l'Anthophore, d'une
régularité géométrique irréprochable, d'un fini parfait et qui sont
des ouvrages d'art creusés à une profondeur convenable dans la
masse même du banc argilo-sablonneux et sans autre pièce rap-

portée que l'épais couvercle fermant l'orifice. Les larves, ainsi protégées par la prudente industrie de leur mère, hors d'atteinte au fond de leurs retraites solides et reculées, reposent à nu dans leurs cellules, dont l'intérieur a le poli du stuc. Parmi ces cellules, les unes renferment des larves, les autres sont déjà occupées par l'insecte parfait ; il s'en trouve aussi, et abondamment, qui renferment une singulière coque ovoïde, divisée en segments, pourvue de boutons stigmatiques, très fine, fragile, ombrée et si transparente qu'on distingue trés bien à travers sa paroi un Sitaris adulte qui en occupe l'intérieur et se démène comme pour se mettre en liberté. Ainsi s'expliquent la présence, l'accouplement, la ponte en ces lieux des Sitaris, que nous venons de voir errer tout à l'heure à l'entrée des galeries des Anthophores. L'Anthophore, propriétaire de céans, a donc son parasite, le Sitaris.» «Mais qu'est-ce que cette coque bizarre où le Sitaris est invariablement renfermé ? Coque sans exemple dans l'ordre des Coléoptères ? Y aurait-il ici un parasitisme au second degré, c'est-à-dire le Sitaris vivrait-il dans l'intérieur de la chrysalide d'un premier parasite, qui vivrait lui-même aux dépens de la larve de l'Anthophore ou de ses provisions ? Et comment encore ce ou ces parasites trouvent-ils accés dans une cellule qui paraît inviolable à cause de la profondeur où elle se trouve, et qui d'ailleurs ne trahit, à l'étude scrupuleuse de la loupe, aucune violente irruption de l'ennemi ?» Ce sont autant de questions que la patiente observation de M. Fabre se chargera bientôt de résoudre. Quand l'accouplement a eu lieu, les Sitaris s'éloignent et chacun d'eux s'en va de son côté. Le mâle ne tarde pas à succomber dans un coin de la galerie ; la femelle mourra bientôt aussi, mais après qu'elle aura opéré sa ponte et déposé ses œufs à l'entrée du couloir. Une fois fécondée, la femelle, inquiète, traînant avec peine son volumineux abdomen, se met à la recherche d'un lieu favorable pour y déposer ses œufs ; après des recherches soigneuses et de nombreux tâtonnements, elle finit par choisir une galerie, enfonce l'abdomen dans cette cavité, et, la tête pendante en dehors, elle commence sa ponte, qui ne dure pas moins de trente-six heures, pendant lesquelles l'animal reste immobile. Ces œufs sont déposés à un pouce ou deux de l'orifice, non dans les cellules de l'Anthophore, ainsi qu'on aurait pu le croire, mais en un seul tas dans le vestibule de son logis et sans qu'il soit exécuté pour eux aucun travail protecteur qui puisse les mettre à l'abri, soit des rigueurs de la mauvaise saison, soit des ennemis nombreux qui peuvent en faire leur proie. De là, sans doute, la nécessité pour la mère de suppléer à son manque d'industrie par sa fécondité, ainsi que nous allons le voir.

« Les œufs sont blancs, en forme d'ovale, et très petits. Leur longueur atteint à peine les deux tiers d'un millimètre, ils sont faiblement agglutinés entre eux et amoncelés en un tas informe, qu'on pourrait comparer à une forte pincée de semences non mûres de quelque orchidée.

» Quant à leur nombre, j'avouerai qu'il a infructueusement fatigué ma patience; je ne crois pas cependant l'exagérer en l'évaluant au moins à deux milliers. »

C'est vers la fin de septembre ou le commencement d'octobre, c'est-à-dire un mois environ après la ponte, que l'éclosion se produit. Mais les jeunes larves, au lieu de se mettre en marche et de gagner une cellule d'abeille maçonne, ne se dispersent pas, elles restent amoncelées en tas, pêle-mêle avec les dépouilles des œufs qu'elles viennent de quitter, et c'est jusque vers la fin du mois d'avril suivant qu'elles resteront ainsi immobiles. La larve qui vient de naître, que l'on désigne sous le nom de Triangulin et qui est ce même animal que Linné et L. Dufour croyaient être un pou des abeilles, mesure environ un millim. de longueur; elle est coriace, d'un noir verdâtre luisant, convexe en dessus, plane en dessous, allongée, augmentant graduellement de diamètre de la tête au bout postérieur du métathorax, puis diminuant rapidement. La tête, un peu plus longue que large, légèrement dilatée vers sa base, roussâtre vers la bouche et plus foncée vers les ocelles, au nombre de deux paires, est munie d'antennes de deux articles cylindriques, égaux, nettement séparés, et le dernier est surmonté d'un cirrhe dont la longueur atteint jusqu'à trois fois celle de la tête. Les mandibules sont fortes, rousses, courbes, aiguës, se joignant, sans se croiser, dans le repos ; les mâchoires pourvues de palpes maxillaires assez longs, formés de deux articles cylindriques égaux. — Les segments thoraciques sont pourvus de pattes robustes, terminées par un ongle puissant, long, aigu et très mobile, et ces pattes sont munies de cirrhes semblables à ceux des antennes. — L'abdomen a neuf segments à peu près de même longueur ; le huitième de ces segments porte deux pointes un peu arquées, courtes, mais fortes, aiguës, dures à leur extrémité ; le neuvième segment, ou segment anal, porte à son bord postérieur deux longs cirrhes semblables à ceux des antennes et des pattes, et en arrière de ce segment se montre un mamelon charnu : c'est l'anus. Ce dernier segment et son bouton anal se recourbent à angle droit avec l'axe du corps, et l'anus vient s'appliquer sur le plan de locomotion, où il déverse une gouttelette d'un liquide hyalin et filant qui englue la bestiole et la maintient solidement en place, appuyée sur une espèce de trépied que forment le bouton anal et les deux cirrhes du segment.

Vers la fin d'avril, les larves, que nous avons laissées en septembre immobiles et blotties dans le tas spongieux des enveloppes des œufs, se mettent en mouvement, se dispersent. « A leur démarche précipitée, à leurs infatigables évolutions, aisément on devine qu'elles recherchent quelque chose qui leur manque. Cette chose, que peut-elle être, si ce n'est de la nourriture ? N'oublions pas en effet que ces larves sont écloses à la fin de septembre, et que depuis cette époque elles n'ont pris aucune nourriture, bien qu'elles aient passé ce laps de temps avec toute leur vitalité... Aussitôt écloses, vouées, quoique pleines de

vie, à une abstinence absolue de la durée de sept mois, il est donc
naturel de supposer, en voyant leur agitation actuelle, qu'une
faim impérieuse les met ainsi en mouvement. La nourriture dé-
sirée ne saurait être que le contenu d'une des cellules de l'Anthophore, puisque plus tard on trouve les Sitaris dans ces cellules. » Et nous savons que ce contenu se borne à du miel ou à
des larves. Mais nous savons aussi que les larves, nymphes, cellules, miel, offerts par Fabre à ses jeunes triangulins, ont été
refusés ; que ceux-ci, placés sur la larve ou sur la nymphe, sur
le miel ou sur la paroi interne de la cellule, se sont noyés ou se
sont enfuis. Quelle est donc la nourriture qui leur convient ?

D'autre part, nous avons la certitude que le Sitaris est parasite de l'abeille maçonne, puisque dans les cellules de celle-ci
nous avons aperçu cette coque ovoïde, transparente, à travers la
paroi de laquelle on distingue le Sitaris ; il nous faut donc savoir
aussi comment le triangulin a pu s'introduire dans la cellule de
l'Anthophore.

C'est à la fin d'avril que naissent les Anthophores ; si alors on
en saisit quelques-uns et qu'on les examine, on ne manque pas
d'observer sur leur corps (sur le thorax plus particulièrement) la
présence d'un ou plusieurs triangulins. « Mais d'autre part, si l'on
recherche ces larves dans les vestibules où elles se trouvaient
quelques jours avant amoncelées en tas, on n'en trouve plus ;
par conséquent, lorsque les Anthophores ayant ouvert leurs cellules s'engagent dans les galeries pour en atteindre l'orifice et
s'envoler, les jeunes larves de Sitaris, tenues en éveil dans ces
mêmes galeries par le stimulant de l'instinct, se glissent dans
leur fourrure, s'y cramponnent solidement, et il est indubitable
qu'elles ne s'établissent sur le corps des Anthophores que pour
se faire transporter par elles, et au moment opportun, dans les
cellules approvisionnées. »

Un fait qui paraît singulier au premier abord, c'est que tous
les Hyménoptères envahis par ces larves et observés jusqu'ici se

sont trouvés, sans exception, des Anthophores mâles ; mais l'explication en est facile quand on sait que les mâles éclosent un mois environ avant les femelles, qui n'apparaissent que vers la fin de mai. Et dès lors, avec l'instinct admirable qui le guide, nous retrouverons plus tard, sur le corps de la femelle, le jeune triangulin, qui aura profité, pour opérer ce changement de domicile, du moment où les deux sexes sont rapprochés par l'accouplement ; car c'est l'Anthophore femelle qui est seule capable de l'introduire dans la cellule, le mâle ne prenant aucune part à sa construction ni à son approvisionnement.

C'est donc par l'intermédiaire de l'abeille femelle que le triangulin pénètre dans les cellules, et, si l'on examine à cette époque ce qui se passe dans celles-ci, on remarque que les unes, encore ouvertes, ne contiennent qu'une provision de miel plus ou moins complète, d'autres sont déjà closes, et, si l'on ouvre ces derniers, on y trouve, soit une larve d'Hyménoptère, soit une larve de forme différente, ayant l'une et l'autre achevé leur pâtée ou étant sur le point de l'achever, soit encore du miel sur lequel flotte un œuf d'un beau blanc, cylindrique, de 4 à 5 millim. de long sur moins de 1 millim. de large. C'est l'œuf de l'Anthophore. Très souvent sur cet œuf, comme sur une sorte de radeau, est campée une jeune larve de Sitaris. Les cellules ne présentent ni fissures ni traces d'effraction ; le jeune Sitaris, nous le savons, périrait dans le miel que contient la cellule : il n'a donc pu parvenir sur cet œuf, qui y flotte au centre comme un îlot, qu'avant la fermeture de celle-ci ; ce qui le prouve, du reste, c'est que les cellules ouvertes et pleines de miel, mais encore sans l'œuf de l'Anthophore, sont constamment sans parasite, et il est évident dès lors que le jeune Sitaris, pour éviter le contact du miel qu'il redoute, dans lequel il s'englue, et arriver jusqu'à l'œuf, s'est servi de l'abeille elle-même, et qu'au moment où l'œuf de celle-ci s'échappe de l'oviducte, il s'est campé dessus et est arrivé avec lui à la surface du miel.

Cet œuf, sur lequel on ne rencontre jamais qu'une seule larve, parce que sans doute au moment où il s'échappe de l'oviducte il forme entre celui-ci et le miel un pont trop étroit pour deux, sera pour celle-ci, tout à la fois un radeau de sauvetage et sa première nourriture.

En effet, le petit animal ne tarde pas à éventrer l'œuf avec ses mandibules aiguës, si bien : « qu'au bout de huit jours celui-ci ne forme plus qu'une pellicule, et la larve, doublée de volume, s'ouvre sur le dos, et par une fente qui embrasse la tête et les trois segments thoraciques un corpuscule blanc, seconde forme de cette singulière organisation, s'échappe pour tomber à la surface du miel ».

La nouvelle larve qui vient de se laisser choir sur le miel, sur lequel elle flotte immobile, est d'un blanc laiteux, ovalaire, aplatie et d'une paire de millimètres de longueur ; elle diffère absolument du triangulin sous le rapport de ses caractères extérieurs ; et au bout de trente-cinq ou quarante jours, vers la mi-juillet, lorsqu'elle a achevé sa pâtée de miel, elle a atteint toute sa grosseur. « Alors cette larve est molle, blanche et mesure de 12 à 13 millim. en longueur sur 6 millim. dans sa plus grande largeur. Vue par le dos, comme lorsqu'elle flotte sur le miel, elle est de forme elliptique, atténuée graduellement vers l'extrémité antérieure et plus brusquement vers l'extrémité postérieure. Sa face ventrale est convexe ; sa face dorsale, au contraire, est à peu près plane. Quand la larve flotte sur le miel liquide, elle est comme lestée par le développement excessif de la face ventrale plongeant dans le miel, ce qui lui rend possible un équilibre pour elle de la plus haute importance. En effet, les orifices respiratoires, rangés sans moyen de protection sur chaque bord du dos presque plat, sont à fleur du liquide visqueux, et au moindre faux mouvement seraient obstrués par cette glu tenace si un lest convenable n'empêchait la larve de chavirer.

»Jamais abdomen obèse n'a été de plus grande utilité : à la

faveur de cet embonpoint du ventre, la larve est à l'abri de l'asphyxie. »

« Les segments sont au nombre de treize, y compris la tête, qui est pâle, molle comme le reste du corps et fort petite relativement au volume de l'animal. Les antennes, fort courtes, sont de deux articles cylindriques. Il n'y a point d'yeux ; à quoi du reste serviraient-ils ? Dans l'état actuel, la larve est au fond d'une cellule d'argile, où règne la plus complète obscurité. — Le labre est saillant, les mandibules petites, roussâtres vers l'extrémité, obtuses et excavées au côté interne en forme de cuiller. De chaque côté, accolées à la lèvre, existent deux pièces charnues : ce sont les futures mâchoires ». « Les pattes sont purement vestigiaires, et n'ont guère qu'un demi-millim. de longueur, bien que formées de trois petits articles cylindriques. L'animal ne peut en faire usage, non seulement dans le miel coulant où il habite, mais encore sur un sol consistant, car on voit que la protubérance démesurée de l'abdomen, en tenant le thorax relevé, empêche les pattes de trouver un appui... enfin on compte neuf paires de stigmates.

»Si, sous sa première forme, la larve de Sitaris est organisée pour agir, pour se mettre en possession de la cellule convoitée, sous la seconde elle est uniquement organisée pour digérer les provisions conquises.

»Les provisions achevées, la larve ne tarde pas à se contracter, se ramasser sur elle-même, et on voit bientôt se détacher de son corps une follicule transparente, un peu chiffonnée, très fine et formant un sac-issue dans lequel vont se passer désormais les transformations suivantes. Sur ce sac épidermique, sur cette espèce d'antre transparente formée par la peau de la larve détachée tout d'une pièce, sans aucune fissure, on distingue tous les divers organes externes bien conservés.

»Puis, sous cette enveloppe, dont la délicatesse peut à peine supporter le toucher le plus circonspect, on voit se dessiner une

masse blanche, molle, qui en quelques heures acquiert une consistance solide, cornée et une teinte d'un fauve ardent.

»La transformation est alors achevée et nous avons sous les
yeux un corps inerte, segmenté, à contour ovalaire, d'une consistance cornée en tout pareille à celle des pupes et des chrysalides et d'une couleur fauve qui rappelle celle des jujubes...
le grand axe de la face inférieure est en moyenne de 12 millim.
et le petit axe de 6.»

Cette nouvelle organisation possède, non des organes, mais des
indices, des traits de repère jetés au point où doivent plus tard
apparaître ces organes, et chaque flanc est muni de neuf stigmates. Il existait entre la première et la deuxième forme de la larve
des Sitaris une anomalie manifeste ; cette anomalie est bien
plus marquée encore dans cette troisième forme, à laquelle
Fabre a donné le nom de pseudochrysalide. Celle-ci présente
en effet des points nombreux de ressemblance, soit avec la pupe
des diptères, soit avec la chrysalide des autres insectes. De la
pupe, elle a la consistance cornée, l'immobilité des segments,
l'absence des reliefs qui laissent soupçonner l'insecte parfait ;
comme la chenille, pour arriver à sa troisième forme, il a fallu
que la larve se dépouillât de sa peau : c'est ce qui la rapproche
de la chrysalide, mais c'est aussi ce qui la distingue de la pupe,
qui a pour enveloppe le segment de la larve, devenu corné.
L'absence des sculptures qui trahissent les appendices de l'insecte parfait dans la chrysalide la différencie de celle-ci. Mais ce
qui surtout la différencie tout à la fois de la pupe et de la chrysalide, c'est que celles-ci sont la dernière métamorphose et
qu'elles donnent naissance à l'insecte parfait, tandis que de la
pseudochrysalide apparaîtra une larve semblable à celle qui l'a
précédée.

Cette larve, semblable à la précédente, est pour l'animal un véritable retour en arrière. Et elle diffère si peu de la précédente
que nous ne la décrirons pas. Nous dirons seulement qu'elle

reste enfermée dans les deux sacs sans issue formés par les enveloppes de la deuxième larve et de la pseudochrysalide, et qu'après cinq semaines environ passées dans un état de somnolence et de torpeur elle se transforme en nymphe qui donnera elle-même naissance à l'insecte parfait quelques semaines après, vers la fin du mois d'août.

M. Valéry Mayet a publié dans les *Annales de la Société entomologique de France*, 1875, des observations sur une autre espèce de Sitaris qui confirment celles de Fabre. Ce Sitaris vit aux dépens d'un Hyménoptère du genre Calletes. Celui-ci fixant son œuf à la paroi de sa cellule au lieu de le prendre au centre même du miel, il s'ensuit que plusieurs triangulins peuvent s'introduire dans la cellule, et de là naturellement de légères diversités dans les mœurs de ce Sitaris, qui devra lutter pour arriver à être seul possesseur de la proie convoitée.

Les Méloés, dont on a pu observer les mœurs et les métamorphoses, ne présentent que peu de différences avec les Sitaris. Les œufs sont pondus en terre par les femelles, à proximité des lieux hantés par les Anthophores, et le nombre en est prodigieux (plus de 4,000) ; l'éclosion a lieu en mai ou juin, et les triangulins se hâtent de grimper sur les plantes voisines de leur berceau (de préférence sur les composées), de se cacher dans la corolle de ces fleurs et d'y attendre un Hyménoptère dont ils se serviront pour se faire transporter dans la cellule qu'ils convoitent ; mais souvent, victimes d'une erreur, le véhicule saisi par eux est un Diptère ou un Hyménoptère approvisionnant ses larves de chenilles ; ils sont dans ce cas fatalement condamnés à périr. C'est ce qui explique cette ponte prodigieuse. Ici encore, la fécondité de la femelle vient faire une juste compensation aux chances de destruction des jeunes larves et assurer le maintien de l'espèce dans les proportions voulues. Dans la cellule où le triangulin vient de pénétrer, se passeront tous les phénomènes que nous avons vus se dérouler pour les métamorphoses des Sitaris.

Des observations, encore incomplètes, ont démontré aussi que chez les Zonitis il en était comme chez les Sitaris et les Méloés, et que l'un d'eux (le Zonitis mutica) est le parasite des cellules d'un Hyménoptère du G. Osurie.— Les métamorphoses de notre Cantharide officinale (Lytta vesicatoria) ne sont pas moins bien connues que celles des genres dont nous venons de parler, mais jusqu'à ce jour on n'a pu observer les conditions naturelles de leur développement.

Comme chez les Méloés, la femelle pond ses œufs dans la terre ; il en sort un triangulin qui marche à reculons et qui doit être assurément le parasite de certains apides, peut-être des bourdons. C'est à M. Lichtenstein que revient l'honneur d'avoir fait connaître les transformations de la Cantharide; on ne saurait trop admirer la patience, l'habileté profondes employées par lui à ces éducations artificielles. « Après bien des essais infructueux, dit-il, je suis parvenu à faire accepter au triangulin des estomacs d'abeille à miel d'abord, puis des œufs et de jeunes larves de diverses espèces d'abeilles, notamment d'Osmia et de Ceratina chalcites. Seulement, il faut avoir soin de joindre du miel à l'œuf ou à la larve présentée, car la nourriture n'est propre qu'à cette première forme larvaire, et l'instinct semble dicter au petit triangulin qu'il ne doit toucher à cette première nourriture que quand il y aura à côté d'elle le miel suffisant pour alimenter la forme qui va lui succéder. Dès que cette condition est remplie, le triangulin plonge sans hésiter ses mandibules acérées dans l'œuf ou dans la larve même, bien plus grosse que lui, et on le voit rapidement grossir. » Au bout de cinq ou six jours, changement de peau et apparition d'une petite larve blanche qui mange le miel. Cinq jours après, deuxième mue, suivie d'une troisième, encore au bout de cinq jours. Ici la larve a complètement perdu ses yeux, les pattes et les mâchoires sont brunes à l'extrémité et cornées : l'animal ressemble à une petite larve de Scarabée et on devine qu'il est destiné à fouir la terre, ce qu'en effet il ne tarde pas à faire. Là, dans une loge maçonnée par elle, la larve change de peau une quatrième fois et apparaît sous la forme de pseudo-chrysalide. Sous cette troisième forme, elle est d'un blanc corné, immobile, ressemblant à une pupe, et dans cet état, qui dure tout l'hiver, on la croirait privée de vie, si de temps en temps elle ne laissait suinter de ses pores quelques gouttelettes d'un fluide transparent hyalin. En mi-avril, cette pupe brise son enveloppe et il apparaît une larve scarabéoïde, blanche, sans ongles ni mâchoires robustes et avec pattes rudimentaires. Quinze jours après, sans avoir mangé, cette larve se transforme en nymphe qui, deux semaines plus tard, donne naissance à l'insecte parfait. M. Riley nous fournit sur l'Epicanta [vittata de l'Amérique du Nord les observations les plus intéressantes. Mais ici tout ne se passe pas exactement comme chez les Sitaris, les Méloés ou les Cantharides, et les différences sont plus sensibles.

Les œufs sont aussi pondus en terre et recouverts avec soin par la femelle ; mais le jeune triangulin qui naît bientôt n'a pas besoin d'une abeille pour se faire transporter sur un œuf, il se met lui-même en quête de sa première nourriture. Il existe aux États-Unis un Orthoptère Acridien, le Caloptenus differentialis, qui rappelle nos criquets africains par les ravages qu'il cause là-bas aux récoltes. Cet Acridien enfouit ses œufs dans le sol ; c'est aux dépens de ceux-ci que vit la larve de l'Epicanta. Sitôt que le triangulin parvient à découvrir un de ces oothèques (coque d'Orthoptères qui contient environ 100 œufs), il se creuse une galerie à travers le couvercle, arrive d'un trait jusqu'aux œufs, éventre celui qui se trouve à sa portée et s'en nourrit. Au bout de huit jours a lieu la première mue, et au triangulin a fait place une larve blanche, molle, pourvue de pattes et rappelant celle d'un carabide ; ce qui l'a fait désigner par M. Riley sous le nom de larve carabidoïde. — Après huit autres jours consacrés à de succulents repas, toujours aux dépens des œufs, nouvelle mue ; mais cette fois la larve a revêtu la forme d'une larve de lamellicorne. C'est la larve scarabéidoïde. Nouvelle mue après six ou sept jours, mais sans transformation nouvelle ; la larve continue à grandir rapidement, puis ménage dans le sol une petite cavité très lisse, s'y étend sur le côté et s'y transforme en pseudochrysalide. C'est généralement sous cette forme qu'elle hiverne. Au printemps, survient une nouvelle mue : la troisième larve apparaît, ne différant en rien de la larve précédente ; au bout de quelques jours, elle fouille activement le sol et s'y transforme en nymphe qui donne bientôt le jour à l'insecte parfait.

En résumé, chez les Vésicants, du moins chez tous ceux observés jusqu'ici, nous retrouvons, à quelques différences près, les mêmes mœurs, les mêmes métamorphoses. Tous sont parasites et parasites d'Hyménoptères récoltants, à l'exception de l'Epicanta vittata, dont la larve vit aux dépens d'un Acridien et ne se nourrit pas de miel. Chez tous, la larve, avant d'être nymphe, passe par quatre formes : la larve primaire ou triangulin, la deuxième larve, la pseudochrysalide, la troisième larve.

La première larve, toujours carnivore, est petite, coriace ; c'est elle qui, soit en s'y faisant transporter par l'abeille, soit en y arrivant par ses propres moyens, pénètre dans la cellule et dévore l'œuf.

La deuxième larve, molle, blanchâtre, n'a aucune ressemblance avec la première et se nourrit de miel le plus souvent. Chez quelques-uns, la deuxième larve présente deux états: la forme carabidoïde au début et, après une mue, la forme scarabéidoïde.

La pseudochrysalide est, chez tous les Vésicants sans exception, un corps inerte, revêtu de téguments cornés, souvent de couleur fauve et se rapprochant ainsi des pupes et des chrysalides.

La troisième larve reproduit presque entièrement la deuxième. — Après celle-ci, l'évolution suit son cours normal, la larve devient nymphe et la nymphe insecte parfait. Mais il est important de noter que tous ces changements ne sont qu'extérieurs, l'organisation interne de l'animal reste toujours la même.

Nous ne saurions terminer cette étude si longue de ces métamorphoses des Vésicants sans dire que c'est à juste titre qu'a été adopté pour elles le nom d'hypermétamorphose, proposé par Fabre, car nous voyons dans les larves des insectes de cette famille survenir des transformations telles qu'on n'en rencontre pas de semblables, non seulement dans les autres familles de l'ordre des Coléoptères, mais encore dans la classe entière des Insectes, et qu'elles dépassent en nombre les trois formes classiques connues chez les insectes : larve, nymphe, insecte parfait.

Nos observations n'ont porté jusqu'ici que sur les insectes vésicants composant, dans l'ordre des Coléoptères, la 6ᵉ tribu des Trachélides, tribu à laquelle Duméril a appliqué le nom de Vésicants ; mais nous ne nous sommes pas occupé de savoir :

1° Si, dans cette tribu même des Vésicants, toutes les espèces étaient douées des propriétés thérapeutiques qui la caractérisent ou s'il en existait qui en fussent dépourvues;

2° Si, en dehors de cette tribu, d'autres insectes pouvaient avoir ces mêmes propriétés.

Des recherches faites en vue de connaître quelles sont, parmi les espèces nombreuses de cette tribu, celles qui sont vésicantes, il résulte qu'il est possible de conclure qu'à part les Horiales, tous les insectes de la tribu des Cantharidides sont vésicants. « Le nombre très considérable des espèces mises en expérience dans chacun des genres, dit M. H. Beauregard, forme un ensemble assez important pour lever tous les doutes. »

En effet, nous voyons chaque jour augmenter le catalogue de ces espèces vésicantes depuis la découverte de la cantharidine par Robiquet. C'est d'abord Bretonneau qui reconnaît la vertu épispastique des genres Cerocoma, Mylabris et Méloé ; à ces découvertes, Farines ne tarde pas à ajouter, en 1829, celle d'un quatrième genre, le genre Zonitis; en 1835, Leclerc reconnaît l'activité des genres Dices, Decatoma, Lydus, Œnas et Tetraonyx. A cette liste déjà longue, Béguin ajoute, en 1874, les genres Sitaris et Lagorina, et aujourd'hui une série d'expériences faites par M. Beauregard a mis au jour le pouvoir vésicant des genres Coryna, Alosymus, Cabalia, Epicanta, Nemognatha, Henous et Stenoria.

Seul, le groupe des Horiales, qui possède pourtant tous les caractères entomologiques des Vésicants et dont les mœurs paraissent être identiques, n'a donné que des résultats négatifs. Les essais pratiqués sur l'Horia maculata par Béguin et sur le Trierania Stamburii par Beauregard n'ont amené aucune vésication après une application de douze heures. Tout semble donc indiquer que ces insectes n'ont pas les propriétés thérapeutiques communes aux autres espèces de la tribu, et que, récemment placés par les entomologistes parmi les Cantharides, ils l'ont peut-être été à tort. Quant aux autres familles de l'ordre des Coléoptères, l'analyse chimique et l'expérience ont fait justice aujourd'hui des prétendues vertus épispastiques de certaines espèces des genres Cicindela, Cetonia, Buprestis, Carabus, etc., qu'on croyait posséder les propriétés de la Cantharide parce qu'ils en avaient les couleurs métalliques brillantes, et il est à peu près prouvé qu'en dehors de la tribu qui fait l'objet de notre étude et dont il faut même distraire les Horiales, il n'existe pas d'autres insectes vésicants.

Pourtant, je ne saurais passer sous silence quelques faits que j'ai eu l'occasion d'observer. Au Sénégal, il existe un grand carabique, une Anthia, l'Anthia Nimrod ; assez commune dans les parties sablonneuses de cette contrée, elle est toutefois assez rare dans les bois du Diankine, aux environs du poste de Thiès, que j'habitais. Un jour pourtant, me trouvant à la chasse, je pus saisir un de ces insectes qui traversait rapidement le sentier que je suivais, et au moment où je le plongeais dans un flacon tout préparé pour ces sortes de récoltes et que je portais toujours avec moi, il laissa tomber sur mes doigts quelques gouttes d'une liqueur à odeur pénétrante, fétide, nauséabonde, de couleur pres-

que noire. Je n'y pris pas garde et je portai sans doute un moment après au visage, et sans y faire attention, ma main ainsi
souillée. Je ne tardai pas à éprouver une chaleur très vive au
front et à la joue droite ; cette chaleur fut accompagnée bientôt
de picotement et de cuisson très vifs, et quand, une heure après,
en rentrant au poste, je pus jeter les yeux sur mon miroir, je
m'aperçus qu'une vive rougeur marquait tous les points douloureux. Je me lavai aussitôt avec de l'eau fraîche, et peu à peu,
au bout de quelques heures, la douleur, puis la rougeur dispa-
rurent; mais cet accident m'est resté si bien présent à la mémoire
qu'il m'a paru utile de le mentionner, car je me demande aujourd'hui si cette liqueur sécrétée par l'Anthia, et qu'elle déverse
ainsi par la bouche, ne parviendrait pas à produire la vésication
si elle était appliquée à la façon d'un emplâtre épispastique. Je
me hâte toutefois d'ajouter que je ne vois guère d'application
pratique possible de la susdite liqueur en tant que moyen de
vésication.

A bord de nos navires qui stationnent dans les pays chauds,
ne tardent pas à pulluler un Orthoptère, la blatte des cuisines
(Periplaneta orientalis), plus avantageusement connu de nos
équipages sous le nom de cancrelat, si bien que souvent toutes
les parties des navires en sont littéralement infestées. Ces blattes,
cachées pendant le jour, errent la nuit en troupes innombrables,
et il n'est pas rare, alors qu'on est couché, d'en sentir quelques-
unes vous passer sur les mains, sur le visage ; souvent même,
si l'on dort, elles s'enhardissent au point de vous attaquer, et elles
font volontiers leur repas des parties molles mais légèrement cornées qui entourent les ongles des mains et des pieds ; elles ne
dédaignent pas non plus les lobules des oreilles et les commis-
sures des lèvres. Eh bien ! je dois dire que plusieurs fois il m'est
arrivé, en me réveillant brusquement, d'éprouver une douleur
légère là où je venais d'être mordu par la blatte, et de constater
le lendemain, quand la morsure avait été faite particulièrement

sur une commissure des lèvres, de petites vésicules semblables
à celles qui auraient été produites par l'application d'une préparation cantharidée. Je sais que quelques-uns de mes Collègues
de la Marine ont observé la même production de petites phlyctènes, lorsque par hasard, dans un réveil brusque, ils avaient,
bien involontairement, écrasé sur eux l'un de ces affreux Orthoptères.

Faut-il conclure de ces faits que ces insectes sont vésicants ?
Je n'ose me prononcer, et, s'ils le sont, le principe vésicant serait-
il la cantharidine ? Ce sont des questions que mes moyens d'action
ne m'ont pas permis de résoudre ; mais pourquoi la liqueur de
l'Anthia Nimrod et la blatte des cuisines ne seraient-elles point
douées de cette propriété, puisqu'un Hémiptère, le Cicada san-
guinolenta, connu en Chine et employé sous le nom de Cha-ki,
possède une très grande vertu épispastique ? Pourquoi enfin, si
ces animaux étaient vésicants, serait-ce à la cantharidine qu'il
faudrait attribuer leur propriété ? Ces plantes vésicantes n'ont-
elles pas des principes bien différents ? La résine âcre qui fait
du garou un agent puissant de vésication n'est certes pas la
même que celle du croton-tiglium, qui a pourtant des propriétés
vésicantes analogues. Il pourrait bien en être de même pour les
insectes, et la cantharidine qui existe dans la famille des Vésicants
pourrait bien être remplacée chez d'autres espèces par un principe actif chimiquement différent, mais possédant les mêmes vertus thérapeutiques. C'est une hypothèse que je me permets
d'émettre bien modestement, hypothèse que me suggèrent les
faits dont je viens de donner connaissance, et dont l'analyse chimique seule pourrait révéler la vérité ; et je ne sache pas qu'une
opération sérieuse de ce genre ait jamais été faite.

La tribu des Vésicants comprend, ainsi que nous l'avons dit
au début de ce travail, quatre groupes ou sous-tribus que nous
allons examiner successivement.

1. Méloides. — Ce groupe se distingue des trois autres par l'abdomen volumineux des insectes qui le composent, abdomen recouvert par des élytres courtes et imbriquées par leur métasternum très court, leurs hanches parallèles, saillantes, également développées, les intermédiaires atteignant ou recouvrant les postérieures. De plus, l'écusson est invisible et les élytres se recouvrant à la base sont déhiscentes après la moitié de leur longueur. Les Méloés, qui forment le genre le plus important de ce groupe, ont le corps allongé ou oblong, toujours épais, parfois cylindrique. La tête, verticale ou légèrement inclinée en dessous, est en triangle ovalaire, convexe ; l'épistome est tronqué. Le labre est transversal, sinué en avant avec les angles arrondis. Les yeux, peu saillants, sont petits, réniformes. Les palpes maxillaires, assez longs, sont à peu près cylindriques ; chaque article est rétréci un peu à la base, le dernier est tronqué à l'extrémité. Les palpes labiaux sont courts ; les antennes, de longueur médiocre, ordinairement assez épaisses, ont le second article très court et le dernier allongé, cylindrique, les articles intermédiaires parfois dilatés chez les mâles. Le prothorax est transversal ; l'écusson caché ; les élytres, notablement plus courtes que l'abdomen, imbriquées à la base, sont déhiscentes en arrière ; l'abdomen est grand, rebordé, avec le dernier segment sinué chez les mâles et entier chez les femelles. Les pattes sont assez longues et robustes ; les torses, un peu plus longs que les jambes, sont comprimés. Ces insectes sont dépouvus d'ailes. A l'exception de quelques espèces exotiques dont la coloration varie un peu, bien qu'elle ne soit jamais très brillante, les Méloés ont une livrée sombre, dont le noir, le bleu, le violet, le vert toujours foncés, auxquels se marient quelquefois le roux et le jaune, forment la base. Quelques-uns sont métalliques. Ces insectes, que gêne dans leurs mouvements leur abdomen volumineux, ont la démarche lente, difficile, et, si on les saisit, ils replient antennes et pattes et laissent suinter par les articulations des ces dernières un liquide jaune ou

blanchâtre à odeur pénétrante, d'apparence huileuse, qui vous tache les doigts. Ce qui les a fait dénommer par les Anglais : *Oil beetle*, scarabée à huile.

Les Méloés, qui apparaissent dès le printemps, vivent dans les prés, les champs, au bord des chemins, et leur nourriture consiste en plantes basses (pissenlit, violettes, etc.), qu'ils dévorent avec une très grande voracité.

Au point de vue médical, les Méloés sont depuis longtemps employés en médecine comme les succédanés des Cantharides ; ils sont du reste beaucoup plus riches que celles-ci en cantharidine, ainsi qu'a pu le prouver M. Fumouze, et si on ne les emploie pas plus fréquemment c'est sans doute que leur récolte n'est pas aussi facile que celle de la Cantharide.

Les Méloés ont été regardés aussi comme un spécifique contre la rage, et, macérés dans de l'huile, ils ont trouvé leur emploi dans la médecine vétérinaire.

Habitant les lieux où paissent les animaux herbivores, ils peuvent être avalés par les bestiaux, et Latreille a eu raison de croire que ce sont ces insectes que, sous le nom de Buprestis, les auteurs grecs anciens ont signalés comme ayant causé la mort de bœufs qui les avaient avalés par mégarde avec de l'herbe.

Le groupe des Méloïdes ne renferme qu'un petit nombre de genres, sept seulement : Méloé, Nomaspis, Pseudoméloé, Poreospasta, Cysteodemus, Henous et Gynapteryx. Ces espèces sont au nombre d'une centaine environ, presque toutes de l'ancien continent, et le genre Méloé en renferme à lui seul près des quatre cinquièmes.

II. Horiales. — Les Horiales n'étant point vésicants, nous n'en parlerons guère ici que pour mémoire. Ces insectes présentent les caractères suivants : Tête très volumineuse, surtout chez les mâles, brusquement rétrécie en arrière ; mandibules fortes et saillantes ; antennes filiformes de la longueur ou plus du cor-

selet, celui-ci tantôt carré, tantôt étroit, d'avant en arrière et
large transversalement, presque rectangulaire ; écusson très visible, assez grand, de forme triangulaire ; élytres parallèles, légèrement déhiscentes à leur extrémité, un peu arrondies et recouvrant l'abdomen, qui est peu volumineux.— Ces insectes, dont le
corps est mou et généralement de couleur fauve, sont pourvus
d'ailes. Les pattes sont assez longues, avec les palpes filiformes
et les deux pieds postérieurs très robustes.

Bien que les mœurs des Horiales n'aient pas été étudiées
complètement, ce qu'on en sait pourtant peut faire supposer
qu'elles sont identiques à celles des Méloés, Sitaris, etc.; comme
ceux-ci ils sont parasites, et comme eux ils vivent sous leurs premières formes aux dépens d'Hyménoptères récoltants. Mais ce
qu'on ne sait pas, c'est si leurs larves passent, comme celles des
Méloés, par les morphoses dont nous avons parlé ; si, en un mot,
elles sont soumises aux transformations qui constituent l'hypermétamorphose.

Un naturaliste anglais, M. Guilding, a pu observer à la Guyane
les mœurs de l'Horia maculata, et il résulte de ses observations
que la femelle de cette espèce pond un œuf dans le nid de la
Xylocopa teredo, hyménoptère de la tribu des Anthophorides,
qui perce des galeries dans les bois morts ou coupés pour y con-
struire ses nids. La larve qui sort de l'œuf de l'Horia, dit M. Guilding, mange la nourriture qui avait été préparée pour celle de la
Xylocopa, de sorte que cette dernière meurt de faim, si elle
n'est pas dévorée en même temps par son ennemi. Voilà ce qu'il
importerait de savoir : c'est si, sous forme de triangulin, la jeune
Horia ne dévore pas l'œuf de Xylocopa ; et voilà ce que ne dit
pas le naturaliste anglais, parce qu'il ne l'a sans doute pas remarqué, et qu'à l'époque où il a publié son Mémoire dans les
Transactions de la Société Linnéenne de Londres, les morphoses
des Vésicants étaient loin même d'être soupçonnées.

Le groupe des Horiales ne comprend qu'un très petit nombre

d'espèces, une dizaine, réparties en quatre genres : Horia, Tricrania, Apteropasta et Cissites. Toutes sont exotiques et habitent, à l'exception de deux, les régions chaudes de l'Amérique et de l'Océanie; des deux autres, l'une est africaine, l'autre asiatique.

III. Mylabrides. — Les Mylabrides, qui forment la troisième tribu des Vésicants, comprennent des insectes de forme bien homogène, ne différant les uns des autres que par des caractères généralement peu tranchés, et répartis en un nombre relativement très restreint de genres, si on le compare au nombre d'espèces qui s'y rattachent (plus de 300 espèces pour 10 genres environ, dont les principaux sont : Mylabris, Coryna, Cerocoma). Ces insectes, ainsi que les Horiales, qui les précèdent, et les Cantharides, qui les suivent, sont bien différents des Méloés; ils n'ont plus l'abdomen volumineux de ces derniers, et, par suite, leurs mouvements n'ont pas la lourdeur de ceux des Méloés. Leur aspect extérieur se ressent aussi de ces changements, et, s'il n'est pas absolument élégant, il est toutefois moins disgracieux. Chez ces insectes, le lobe externe des mâchoires est de forme normale; le métasternum est allongé; les hanches intermédiaires, distantes des postérieures, sont moins développées, l'écusson est visible; les élytres non imbriquées à la base, aussi longues à peu près que l'abdomen, sont allongées, à suture droite, non rétrécies à l'extrémité, qui est arrondie plus ou moins brusquement, non déhiscentes et recouvrent des ailes, dont certaines espèces se servent avec agilité lorsque le soleil est ardent. Les antennes, grossissant vers l'extrémité, sont parfois renflées en massue difforme (G. Cerocoma), composées de huit à onze articles, le dernier toujours plus grand et plus fort; les crochets des tarses sont bifides, la division supérieure non dentée.

On les trouve sur les fleurs, les graminées, les plantes basses en général ; ils vivent là souvent en sociétés nombreuses. Ils se

laissent prendre facilement, et, comme les Méloés, la plupart des
espèces ont l'habitude de se contracter et de contrefaire le mort
quand on les saisit, mais sans répandre généralement la liqueur
huileuse que laissent suinter celles-ci dans les mêmes circon-
stances. Quelques espèces ont une coloration métallique brillante,
mais chez la grande majorité la livrée se compose de noir avec
des bandes ou des taches rouges ou jaunes sur les élytres ; tantôt
c'est l'opposé, et l'insecte est habillé de rouge ou de jaune avec
des ornements noirs. Les mœurs des Mylabrides ne sont pas
encore connues, mais tout porte à croire que, comme les Méloïdes et les Cantharides, ils sont parasites d'Hyménoptères nidifiants
et qu'ils subissent les mêmes métamorphoses. Les Mylabrides
appartiennent plus particulièrement à la faune de l'ancien continent et la plupart de leurs espèces sont africaines, asiatiques,
européennes et surtout méditerranéennes. Quant à leurs vertus
vésicantes, elles sont connues depuis fort longtemps, et les Mylabres paraissent être les véritables Cantharides des anciens, qui les
employaient fréquemment en médecine. Ce qui du reste le ferait
croire, c'est que Dioscoride dit à leur sujet : « Les Cantharides
qui ont le corps allongé, épais et les élytres parées de bandes
transversales jaunes, sont très efficaces ; celles au contraire qui sont
de la même couleur n'ont point de vertu ».Or la livrée dont parle
Dioscoride est particulièrement celle des Mylabres. Ce groupe
renferme du reste les espèces qui sont les plus riches en cantharidine, ainsi que nous pourrons nous en assurer plus tard en
faisant l'étude comparative de la richesse des Vésicants en cette
substance, et aujourd'hui encore une multitude d'entre elles sont,
dans certains pays, employées avec succès en médecine aux lieu
et place de la Cantharide.

Au Sénégal, aux environs du poste de Thiès ; au Tonquin, sur
les rivages de la baie d'Along, j'ai eu l'occasion de récolter un
certain nombre de Vésicants appartenant, soit au groupe des Mylabrides, soit à celui des Cantharides, et, grâce à l'excellente colla-

boration d'un de mes bons amis, M. Sauvaire, pharmacien de
1ʳᵉ classe de la Marine et professeur de physique dans notre École
de Médecine navale, auquel je ne veux pas tarder plus longtemps
d'adresser tous mes remerciements pour son extrême bienveillance
à mon égard et l'aide qu'il m'a prêtée, j'ai pu faire quelques essais
sur les vertus épispastiques de ces espèces. Je donnerai plus loin
le résultat de ces essais, mais auparavant il importe de donner la
description de ces espèces avec chacun des groupes auxquels elles
se rattachent.

Mylabris trifasciata (Thunbg.). — Grand insecte de 26 à 32 millim.
de longueur; corps allongé, convexe, légèrement velu, d'un noir
brillant ; tête assez courte ; yeux transversaux, assez grands ; labre
saillant, mandibules cornées, pointues, légèrement arquées ; mâchoires velues ; palpes maxillaires garnis de longues soies ;
antennes insérées en avant des yeux et au-dessous, assez courtes,
massives, composées de onze articles apparents, dont les deux
premiers sont noirs et les neuf autres d'un beau rouge orangé, le
dernier plus grand que les autres et se terminant en pointe ;
prothorax noir brillant, légèrement rétréci en avant, convexe ;
écusson médiocre, noir aussi ; élytres allongées, parallèles, convexes, faiblement élargies en arrière, arrondies à l'extrémité, d'un
beau rouge avec deux bandes transversales noires assez étroites,
légèrement sinueuses et une troisième bande de même couleur
occupant l'extrémité de l'élytre ; abdomen de six arceaux, de couleur noire ; pattes longues, noires ; éperons des jambes longs,
simples ; tarses longs, un peu comprimés. Cette espèce apparaît
au mois d'août et vit en troupes souvent considérables sur les
fleurs de plusieurs espèces d'Acacias. — Dakar, Thiès (Sénégal).

Mylabris affinis (Bilberg.). — Longueur de 12 à 16 millim.;
tête, thorax, abdomen et pattes noirs ; yeux médiocres ; antennes
noires dont le dernier article plus grand se termine en pointe
obtuse ; écusson et corselet noirs ; élytres allongées, parallèles,

légèrement convexes, arrondies à l'extrémité, d'un noir profond presque métallique, recouvertes ainsi que le corselet et la tête de poils assez longs, raides, de couleur blanche. Ces organes sont ornés à leur sommet d'une tache jaune en forme de fer à cheval à convexité tournée en avant ; celle-ci embrasse l'angle huméral externe de l'élytre, puis, des deux branches de ce fer à cheval, l'une suit le bord externe de l'élytre, l'autre, piriforme, située à peu près au milieu de celle-ci, est parallèle à la suture. Au-dessus de cette tache existent deux bandes transversales de même couleur, très sinueuses, la première occupant la partie médiane de l'élytre, la seconde placée à peu de distance de son extrémité. Les six arceaux de l'abdomen sont bordés de poils soyeux, semblables à ceux signalés sur les élytres ; pattes assez longues. Cette jolie espèce, bien moins commune que la précédente, vit aux mois de juillet, août, dans les environs du poste de Thiès (Sénégal), où je l'ai capturée.

Mylabris sp. ? très voisine du Myl. tricincta d'Algérie, m'est retournée non déterminée par M. Fairmaire, ancien Président de la Société entomologique de France, auquel elle avait été communiquée. Longueur de 12 à 14 millim. ; tête, corselet, antennes, pattes et écusson d'un noir brillant ; élytres d'un beau jaune, traversées par des bandes noires, larges, peu flexueuses ; la première située un peu en arrière des épaules, en forme d'arc tourné en avant, dont les pointes atteignent l'angle huméral des élytres ; la deuxieme un peu en arrière du milieu de ces organes ; la troisième en occupe l'extrémité. Cette espèce vit sur l'igname de Chine, dont elle dévore les feuilles. Je l'ai capturée en assez grande abondance sur ces plantes au mois de juillet, au fond de la baie d'Along (Tonquin).

Dices Guineensis (Marseul). — Longueur 8 à 15 millim. Corps oblong, convexe, de couleur noire ; tête ovalaire ; antennes courtes, en massue, de couleur fauve, composées de neuf articles, le

dernier ovoïde et fortement arrondi à l'extrémité ; corselet transversal, brusquement rétréci en avant, plus étroit que les élytres, de couleur noire ; écusson tronqué ; élytres parallèles, noires aussi, mais recouvertes, ainsi que le corselet, d'une pubescence
fine, soyeuse, argentée, et ornées d'un dessin assez compliqué,
formé par des taches de forme variée d'un jaune pâle ; abdomen
assez coriace, recouvert d'une pubescence fine semblable à celle
des élytres et dépassant à peine ces dernières ; pattes de longueur
médiocre, de couleur fauve comme les antennes. Cette jolie espèce vit au Sénégal (Thiès), et est assez répandue en juin sur les
fleurs.

Dices vestita (Reiche). — Même taille que la précédente, avec
laquelle elle a quelque analogie ; même pubescence fine, soyeuse,
argentée, peut-être un peu plus dense ; antennes en massue dont
les deux premiers articles noirs et les sept autres fauves ; élytres
un peu moins parallèles, ornées de huit ocelles d'un jaune orangé
et disposées par paires ; abdomen noir, brillant, à arceaux recouverts d'une pubescence très dense et serrée ; pattes noires ; mêmes mœurs, même habitat que la précédente.

IV. Cantharides. — Le groupe des Cantharides, le dernier
de la tribu, comprend des insectes qui par leurs caractères généraux diffèrent souvent un peu de ceux du groupe précédent, auxquels ils se relient par les genres Œnas, Lydus, Tetraonyx. Ce
qui les distingue, c'est que chez eux les antennes, droites, souvent filiformes et soyeuses, ne sont ni arquées ni épaissies vers
l'extrémité, rarement à articles courts et transversaux, ceux-ci au
nombre de onze. Les élytres, peu consistantes, recouvrent les
ailes et l'abdomen chez certains genres ; chez d'autres, au contraire (les Sitarides), elles sont déhiscentes au moins à l'extrémité,
souvent presque dès la base, débordées par les ailes et le plus
souvent très atténuées en arrière ; chez les uns la suture est

droite, chez d'autres elle est sinuée et arquée. L'écusson est toujours visible ; le faciès de ces insectes présente d'assez grandes différences, et il en est de même de la livrée : quelques-uns sont métalliques, brillants; d'autres au contraire rappellent un peu les Mylabres; d'autres enfin, plus nombreux, sont couverts d'une fine pubescence qui les rend mats. Ce groupe, qui compte plus de 350 espèces réparties en une vingtaine de genres, dont les principaux sont : Tetraonyx, Lydus, Cantharis, Lytta, Epicanta, Zonitis, etc., renferme près de la moitié de la tribu des Vésicants, dont la distribution géographique est assez curieuse. Nous voyons en effet que le groupe si considérable des Cantharides, bien représenté en Amérique qui en possède le plus, puis en Afrique et en Europe, ne compte qu'un nombre minime (10 à 12) d'espèces appartenant aux faunes australiennes ou indo-malaises. Les mœurs de ce groupe sont bien connues, et, par ce que nous avons dit déjà, on peut voir que les premiers états des espèces qui le composent ont été fort bien observés chez le Sitaris, les Zonitis, les Epicanta et même les Cantharides. Les insectes parfaits vivent en famille sur les feuilles de certains arbres et sur les fleurs.

Quant à leurs vertus épispastiques, elles sont parfaitement connues depuis longtemps, et si, en Europe, on emploie journellement en médecine la Cantharide officinale, certaines espèces d'Epicanta et de Lytta jouissent en Amérique d'une réputation et de propriétés thérapeutiques justement acquises et qui ne le céderaient en rien à celles de notre Cantharide, puisque même l'une d'entre elles, indigène de la Plata, l'Epicanta adspersa (Klug), agirait très rapidement et sans jamais produire l'irritation réno-vésicale ; exception remarquable, qui demande à être sérieusement observée avant d'être admise.

Voici la description de deux espèces du groupe des Cantharides dont j'ai pu étudier le pouvoir vésicant.

Epicanta flavicornis (Dejean). — Grande espèce qui mesure

de 28 à 35 millim. de long ; corps allongé , parallèle, convexe ; tête en ovale court, tronqué à la base ; épistome large muni de poils longs, raides, de couleur fauve ; yeux réniformes, peu saillants ; palpes maxillaires longs, les labiaux assez courts ; antennes filiformes, allant en s'amincissant de la base à l'extrémité, de couleur fauve prononcée ; prothorax convexe, parallèle, très rétréci en avant, avec un sillon médian antéro-postérieur ; élytres parallèles, un peu élargies en arrière, fortement arrondies à l'extrémité, déclives sur les côtés. Jambes longues, assez grêles ; abdomen recouvert complètement par les élytres.

L'insecte tout entier est recouvert d'une fine pubescence grise qui le rend mat. Sur les élytres, une bande droite, longitudinale, d'un blanc sale, va de l'épaule à l'extrémité de celles-ci et les divise en deux portions. Cette bande est formée par une pubescence plus dense, d'un blanc sale, que l'on retrouve le long de la suture et des bords externes de ces organes. Cette espèce, assez commune en août, est originaire de Thiès (Sénégal).

Cantharis ruficeps (Illiger). — Taille de 10 à 12 millim.; corps allongé, parallèle, d'un noir mat ; tête cordiforme, légèrement inclinée en dessous, d'un beau rouge ; yeux médiocres, réniformes ; antennes longues, filiformes, de onze articles ; corselet petit, rétréci en avant ; écusson assez petit, triangulaire ; élytres très flexibles ; abdomen de six segments débordant très légèrement l'extrémité de celles-ci ; pattes grêles, peu longues. Tout l'insecte est d'un beau noir, à l'exception de la tête, qui est d'un rouge vif. Vit en juin dans les environs d'Hanoï (Tonquin), où je l'ai capturé sur divers arbustes.

Nous ne saurions terminer l'étude de ce groupe sans parler de l'espèce auquel il doit son nom : la Cantharide officinale (Cantharis vesicatoria, Geoffroy; Lytta vesicatoria, Fabricius).

Bien que les anciens aient souvent, sous le nom de χανθαρις, décrit des Mylabres, pourtant connue depuis des siècles, la Cantha-

ride à vésicatoires présente les caractères suivants : Longueur de
14 à 25 millim.; corps glabre et d'un vert doré, parfois bleu ou
verdâtre; tête cordiforme, un peu inclinée en dessous avec sillon
médian ; antennes longues, filiformes, de onze articles, dont les
neuf derniers sont d'un noir violet ; corselet petit et plus étroit
que la base de la tête ; élytres flexibles, de même couleur que
le corps, pourvues de deux nervures longitudinales vers leur bord
interne et recouvrant des ailes membraneuses transparentes ;
abdomen de six segments débordant un peu les élytres en arrière ;
pattes grêles ; torses postérieurs non dentés.

La Cantharide officinale, appelée aussi dans le commerce Mouche d'Espagne, Mouche Cantharide, n'est pas rare en France,
surtout dans le Midi ; mais c'est en Italie, dans la Russie méri-
dionale et en Espagne qu'elle est particulièrement abondante, et
c'est de ces derniers pays généralement que viennent celles qu'on
trouve dans le commerce.

Les Cantharides se montrent dès le mois de mai, mais c'est
en juin, juillet qu'on les trouve sur les frênes, les lilas, les troënes,
le jasmin, dont elles dévorent les feuilles, et quelquefois aussi sur
le chèvrefeuille, le sureau, le saule et le peuplier. Elles vivent sur
ces divers arbres et arbustes en sociétés nombreuses et leur
présence se manifeste par l'odeur de souris, odeur forte, pénétrante qu'elles répandent autour d'elles. Pendant la nuit, et le
matin avant le lever du soleil, ces insectes, engourdis par le refroidissement de l'air, se tiennent attachés aux feuilles des arbres ;
c'est le moment que l'on doit choisir pour en opérer la récolte,
car pendant la chaleur du jour ils volent très bien et souvent en
essaim. Lorsque, à l'aide de cette odeur caractéristique que nous
venons de signaler, on a découvert un arbre sur lequel les Cantharides sont réunies (et cet arbre est le plus souvent un frêne),
on étend à terre, au pied de l'arbre, de grands draps pour les
recevoir, on secoue fortement les branches pour en faire tomber
ces insectes, et, lorsqu'on juge qu'ils sont tous sur les draps, on

relève ceux-ci par les quatre coins avec leur contenu et on plonge le tout dans des baquets remplis préalablement de vinaigre coupé d'eau, ou, mieux encore, on expose les Cantharides aux vapeurs de vinaigre bouillant ; ce dernier procédé suffit pour les faire périr rapidement et doit être préféré à l'immersion, soit dans le vinaigre coupé, soit dans l'eau bouillante, quelquefois employée, ces procédés leur enlevant une partie de leurs qualités.

Après cette première opération, on étend les Cantharides sur des claies recouvertes de toile ou de papier, placées dans un appartement aéré et on poursuit la dessiccation en les remuant de temps à autre, soit avec un bâton, soit avec les mains garnies de gants et le visage couvert d'un masque, car sans cette précaution, qu'il faut se garder aussi d'oublier en les récoltant, les personnes chargées de ces opérations seraient exposées à éprouver, soit des ophtalmies, soit des accidents du côté des reins et de la vessie. Une fois sèches, les Cantharides sont prêtes à être livrées au commerce.

Il y a tout lieu de croire que si, en Europe, on ne fait usage que de la C. vesicatoria, les propriétés vésicantes d'une foule d'autres espèces étant connues, c'est parce qu'elle est plus commune et que, vivant en société, la récolte est moins coûteuse et plus facile que ne le serait celle d'autres espèces qui vivent plus isolément.

II.

PHARMACOLOGIE.

Ainsi que nous l'avons vu au début de cette étude, les Vésicants doivent leur vertu particulière à un principe actif, principe âcre, corrosif, auquel on a donné le nom de cantharidine. Nous avons vu aussi que presque tous les insectes de cette tribu possédaient les mêmes propriétés épispastiques, et nous savons que, chez tous, les expériences faites ont démontré que c'était au même principe qu'ils devaient d'être vésicants ; or, de ces expériences faites sur les Cantharides, il ressort qu'à l'analyse ces insectes fournissent les substances suivantes : cantharidine; huile grasse jaune ; huile concrète verte ; substance jaune visqueuse ; substance noire ; osmazome ; acides urique, acétique et phosphorique ; phosphates de chaux et de magnésie ; chitine.

Avant de parler de la cantharidine, passons rapidement en revue les substances que nous venons de désigner.

L'huile grasse jaune possède les propriétés des corps gras et n'est pas vésicante ; elle est à peine soluble par l'alcool.

L'huile concrète verte est insoluble dans l'eau, très soluble dans l'alcool ; on l'obtient en épuisant les Cantharides par l'eau, les faisant dessécher, puis les traitant par l'alcool ; on a alors une teinture qui, par l'évaporation, produit cette huile verte qui, comme l'huile jaune, n'est pas vésicante.

La substance jaune visqueuse est soluble dans l'eau et dans l'alcool. Quand on traite les Cantharides par l'eau, c'est elle qui facilite la dissolution de la cantharidine. On l'obtient en traitant l'extrait aqueux de Cantharides par l'alcool ; celui-ci sépare en effet l'extrait en deux parties : la substance jaune visqueuse et la substance noire.

Cette substance noire est soluble dans l'eau et dans l'alcool faible, mais non dans l'alcool rectifié. Ces deux substances jaune et noire sont vésicantes. Mais si l'on traite la substance noire par l'alcool bouillant, de façon à la priver parfaitement de matière jaune, elle perd absolument sa propriété vésicante. De même la matière jaune, si soluble dans l'eau et l'alcool, deviendra inerte si on la traite par l'éther sulfurique ; c'est qu'avec sa propriété vésicante perdue, elle a perdu aussi par le traitement à l'éther une substance qui, par le refroidissement, se cristallise en paillettes : c'est la cantharidine.

Quant à l'osmazome et à la chitine, la première est un mélange de plusieurs substances, la seconde est le squelette de l'animal, tel qu'on le retrouve dans tous les insectes.

Nous venons de voir, par ce qui précède, que, de toutes les substances que fournit l'analyse des Cantharides, il n'en est qu'une seule d'active, c'est la Cantharidine. La cantharidine, dont la formule chimique est $C^{10}H^6O^4$, a été découverte en 1810 par Robiquet ; elle est le principe actif de la Cantharide, et c'est par la méthode physiologique, en en appliquant sur le bord de la lèvre inférieure une quantité infinitésimale, que le savant chimiste s'assura si le produit qu'il venait d'obtenir était bien le principe vésicant de la Cantharide. La cantharidine se présente sous forme de petites lames incolores, inodores, d'une saveur excessivement âcre, répandant des vapeurs à 125°, se fondant à 205° et se volatilisant vers 210°. A 121°, elle commence à se sublimer et se présente alors sous forme d'aiguilles fines. Sans action sur les couleurs végétales, la cantharidine est insoluble dans l'eau, peu soluble dans l'alcool froid, plus soluble dans l'alcool bouillant et l'éther ; les huiles grasses, beaucoup d'huiles volatiles, et à chaud, les acides azotique, acétique et sulfurique, la dissolvent bien, mais l'acétone et le chloroforme sont ses meilleurs dissolvants ; l'eau la précipite de ses solutions acides.

On obtient la cantharidine en traitant par déplacement une

macération de Cantharides dans l'alcool à 85° ou dans l'éther. Les teintures alcooliques ou éthérées ainsi obtenues sont distillées pour en retirer l'alcool ou l'éther, et on laisse au repos pendant un certain temps les résidus de la distillation pour permettre à la cantharidine de cristalliser. Mais, après cette première opération, la cantharidine obtenue n'est pas suffisamment pure ; on la lave sur un filtre avec de l'alcool froid qui entraîne l'huile verte, puis on la dissout dans de l'alcool bouillant auquel on ajoute un peu de charbon animal, et par une seconde distillation et une nouvelle cristallisation on obtient un produit très pur.

Un autre procédé consiste à traiter les Cantharides (les parties molles seulement) réduites en poudre par le chloroforme, à obtenir par la distillation un extrait mou qu'on traite par le sulfure de carbone ; en filtrant et évaporant ensuite, on obtient de la cantharidine dans un état de pureté très convenable. On s'est servi aussi de la benzine pour l'obtention de ce produit.

La cantharidine est essentiellement vésicante, et appliquée sur la peau elle détermine très rapidement la formation d'ampoules volumineuses.

La cantharidine avait jusqu'à ces derniers temps été considérée comme une substance neutre ; mais de recherches nouvelles il résulte qu'elle se combine avec les bases en fixant deux équivalents d'eau et forme avec ces bases les sels de l'acide cantharidique ($C^{10}H^6O^4,2HO$). C'est ainsi qu'on a pu obtenir les cantharidates de potasse, de soude, d'ammoniaque, etc. Ces cantharidates alcalins possèdent une action vésicante très énergique, et on se sert avec beaucoup d'avantages du cantharidate de potasse, qui est très stable, en le dissolvant dans un liquide convenable et le déposant sur un liquide approprié (gutta-percha laminée ou taffetas).

Nous savons que tous les insectes que nous venons d'étudier contiennent de la cantharidine ; mais, ce qu'il est intéressant de savoir, c'est si chacun des insectes qui composent cette longue série de Vésicants possède des propriétés épispastiques également énergiques; si, en un mot, il en est qui sont plus riches que d'autres en cantharidine.

Pour arriver à cette connaissance, on a dû se livrer à une étude comparative de la richesse de ces insectes en cette substance, et, bien qu'un petit nombre de genres seulement aient été examinés et même un petit nombre d'espèces (celles surtout qui donnent lieu à un commerce et dont il est facile, par suite, de se procurer des quantités suffisantes), pourtant les faits recueillis tout particulièrement par MM. Ferrer, Fumouze et Béguin sont intéressants à plus d'un titre.

Ainsi, ce qui nous frappe tout d'abord, ce sont les différences dans les quantités de cantharidine obtenues pour une même espèce par deux expérimentateurs différents. Tandis que, pour 1 kilogr. de Mylabris pustulata, Ferrer trouve 3^{gr},30 de cantharidine, Béguin en signale 12 gram. pour la même espèce, et ainsi de même pour le dosage de plusieurs autres espèces. Les résultats de Béguin étant toujours supérieurs en quantité, il y a lieu de conclure que son procédé d'extraction est meilleur. Toutefois, il faut dire que les analyses faites par les mêmes opérateurs, avec les mêmes procédés, avec des espèces également en bon état de conservation, ont donné des différences très sensibles pour la richesse en cantharidine, sans qu'on puisse donner une cause appréciable à ces différences.

En résumé, il résulte des analyses faites que ce sont les Mylabris pustulata et punctum de l'Inde qui occupent la première place dans la liste par ordre de richesse en cantharidine, avec 12^{gr},50/1000 de cette substance ; les Méloés tiennent la deuxième place avec 7^{gr},25/1000, et les Cantharides la troisième avec 4^{gr},90/1000, et il est probable que bien des espèces exotiques des genres Epicanta, Lytta, ne doivent le céder en rien à la Cantharide ordinaire, si même elles ne sont pas supérieures, ainsi que paraîtrait le confirmer la vésication énergique qu'elles produisent en les appliquant sur la peau.

Pendant longtemps on n'a pas été d'accord sur le siège du principe vésicant dans les insectes qui font l'objet de notre étude : les uns le croyaient répandu dans tout le corps, d'autres localisé dans des organes particuliers. Hippocrate ne considérait guère comme actif que le thorax et l'abdomen ; pour lui, la tête, les élytres, les pattes et les antennes étaient inertes. Plus tard, on crut encore que toutes les parties des Vésicants étaient actives ; de nos jours, des recherches entreprises avec beaucoup de soin par les opérateurs dont les noms sont cités si souvent déjà dans ce travail, Bretonneau, Farines, Leclerc, Courbon, Ferrer, ont prouvé que les parties chitineuses des Vésicants, complètement dépourvues de parties molles, sont absolument inertes et ne renferment plus aucune trace de cantharidine.

Mais plus récemment, le professeur américain Leidy et M. Beauregard, qui se sont livrés à une série d'expériences, le premier sur le Lytta vittata, employé aux États-Unis, le second sur notre Cantharide officinale, sont arrivés à des résultats identiques, à savoir : que le principe actif des Vésicants se trouve dans le sang et dans les appareils de la génération ; que, chez le mâle, la seconde paire des glandes séminales, caractérisée par sa forme en tubes allongés, est le lieu d'élection du principe vésicant. Chez la femelle, toutes les parties de l'appareil générateur sont actives, sans en distraire les œufs avant comme après la ponte.

C'est avec grand soin que l'on doit choisir les Cantharides qui sont destinées à entrer dans les préparations pharmaceutiques ; il faut que ces insectes soient bien secs, entiers, de récolte le plus récente possible, possédant cette odeur caractéristique que nous avons déjà signalée et qu'elles ne soient pas altérées par la fermentation.

C'est qu'en effet les Cantharides ne sont pas, dans les pharmacies, d'une conservation très facile : outre qu'elles sont exposées

à s'altérer facilement sous l'influence d'une température chaude
et humide, de plus elles sont facilement la proie d'une foule
d'insectes dont les larves se nourrissent aux dépens de ce produit. On devra donc conserver les Cantharides, après s'être assuré
préalablement qu'elles sont bien sèches, dans des vases hermé-
tiquement clos, en bois, en faïence, en verre ou en métal, à l'abri
de l'humidité et du contact de l'air et de la lumière ; elles pour-
ront se conserver très longtemps si, malgré tous les soins pris, elles
ne sont pas attaquées par les mites, les anthrènes, les dermestes, etc.
Divers moyens ont été proposés pour les garantir des larves de
ces insectes destructeurs : le camphre, qui tue les mites, n'exerce
aucune action sur les autres ravageurs. Quelques tampons de co-
ton légèrement imprégnés de benzine ou d'acide phénique réus-
sissent assez bien si l'on a le soin de les placer avant de clore her-
métiquement les récipients. On a aussi conseillé de conserver
les Cantharides au moyen du procédé d'Appert ; mais, en somme,
nous pouvons dire qu'on ne connaît pas de moyen sûr et efficace
pour préserver les Cantharides de l'atteinte des insectes dont
elles sont la proie.

Longtemps on a discuté pour savoir si les Cantharides ainsi
vermoulues conservaient encore leurs propriétés, et naturellement
il y a eu des auteurs affirmant que ces débris étaient inertes ;
d'autres, au contraire, prétendant que les parasites ne dévorent
point les parties de l'animal qui contiennent le principe actif,
assuraient que les Cantharides ne perdaient en rien de leur action.
Cette dernière manière de voir, de laquelle il semblerait résulter
que les Cantharides rongées, au lieu de diminuer de valeur, seraient
au contraire plus actives, puisque sous un plus petit volume
elles contiendraient plus de cantharidine, est aussi peu exacte
que la manière de voir opposée, et aujourd'hui les analyses de
Farines, Berthoud, Robiquet, etc., permettent d'affirmer que les
vermoulures des Cantharides sont moins riches en cantharidine
que les Cantharides non altérées, dans les proportions de 7 à 10,5.

La Cantharide, prise à l'intérieur, constitue un poison irritant des plus énergiques, ayant une action élective toute particulière sur l'appareil génito-urinaire ; aussi la médecine ne s'est elle pas contentée de se servir de ce produit pour l'usage externe, elle a aussi mis à profit cette propriété en l'administrant à l'intérieur. Nous trouverons donc, dans l'exposé que nous allons faire des principales préparations pharmaceutiques dont les Cantharides sont la base, des préparations pour l'usage externe en assez grand nombre et d'autres pour l'usage interne.

Poudre de Cantharides. — Elle se prépare en pilant, dans un mortier de fer couvert, des Cantharides bien sèches n'ayant passé à l'étuve que juste assez de temps pour s'y dessécher sans y perdre, par le fait de la chaleur de celle-ci, une partie de leur cantharidine. La poudre de Cantharides, dont on saupoudrait jadis les emplâtres vésicants, n'est presque plus employée aujourd'hui à l'extérieur et à l'intérieur. C'est un médicament dangereux qu'il ne faut administrer qu'à très petite dose et avec précaution, car il y a toujours à craindre que des parcelles se déposent sur quelques points de la muqueuse digestive et n'y occasionnent de graves accidents locaux.

Teintures. — Il y a deux sortes de teintures de Cantharides : la teinture avec l'alcool ou alcoolé de Cantharides, et la teinture avec l'éther ou éthérolé. —

La première s'obtient en laissant macérer pendant dix jours 1000 gram. de Cantharides dans un poids égal d'alcool à 80°, puis passant avec expression et filtrant le produit. C'est la meilleure préparation à employer pour l'usage interne, la plus sûre. Dose : de 10 à 30 gouttes. Elle s'emploie aussi en frictions rubéfiantes ou excitantes, soit seule, soit associée à l'huile d'olive ou d'amandes douces ou encore à l'alcool camphré.

L'éthérolé, qu'on prépare par macération pendant dix jours

aussi, de 10 gram. de Cantharides en poudre dans 100 gram. d'éther acétique, puis exprimant et filtrant, sert pour l'usage externe seulement. C'est un rubéfiant énergique, et il entre associé à l'huile d'amandes douces dans la composition de liniments excitants.

Huile de Cantharides. — S'obtient en faisant digérer pendant six heures au bain-marie 100 gram. de Cantharides en poudre dans 1000 gram. d'huile d'olive, puis passant et filtrant.

Cette huile contient les matières grasses, jaune et verte, et la cantharidine, et, bien que celle-ci se dépose en entier de la dissolution dans les huiles, elle est maintenue en solution dans ce produit à la faveur des matières grasses. Très irritante, cette huile s'emploie pour des frictions excitantes et est aussi quelquefois usitée pour l'usage interne, à condition d'être émulsionnée avec de la gomme.

Extraits de Cantharides. — On ne prépare pas d'extrait aqueux de Cantharides ; il existe, par contre : un extrait alcoolique, un extrait éthéré et un extrait acétique de Cantharides. Le premier est un rubéfiant énergique peu employé ; le deuxième un vésicant très énergique qui était employé fréquemment par le Dr Trousseau, et le troisième un vésicant aussi, préférable pour l'usage au précédent.

Emplatre-Vésicatoire. — Se compose de résine élémi 100 gram., huile d'olive 40 gram., onguent basilicum 300 gram., cire jaune 400 gram., poudre fine de Cantharides 420 gram. On fait fondre la résine élémi dans l'huile d'olive, puis on ajoute l'onguent basilicum et la cire. A cette masse fondue, on incorpore les Cantharides en poudre, on agite et on coule dans un pot quand l'emplâtre commence à se figer. Cet emplâtre constitue un bon vésicant qu'on étend sur du sparadrap pour l'appliquer sur la peau. Bretonneau conseille d'interposer entre la peau et le vésicatoire un papier brouillard huilé qui empêche l'absorption des Cantharides et évite leur action irritante sur la vessie et les reins. C'est pour arriver au même résultat qu'on conseille de saupoudrer la surface des vésicatoires de camphre en poudre.

Mouches de Milan. — Poix blanche, cire jaune, Cantharides en poudre, 50 gram. de chaque; térébenthine de mélèze 10 gram., huiles volatiles de lavande et de thym, 1 gram. de chaque. F. S. A. — Employées comme dérivatifs contre les fluxions, les maux d'yeux, les douleurs névralgiques, les rhumatismes. — On les laisse généralement en place jusqu'à ce qu'elles tombent d'elles-mêmes.

Je citerai encore comme emplâtres employés : l'emplâtre vésicatoire anglais, le vésicatoire perpétuel de Jaum, le vésicatoire de Bretonneau ou vésicatoire extemporané, l'emplâtre révulsif de Tavignat.

Sparadraps vésicants. — Ces sparadraps constituent le moyen le plus commode d'appliquer un vésicatoire, et leur usage est aujourd'hui très répandu; il suffit, pour les obtenir, d'étendre sur un tissu quelconque (généralement du calicot ou de la toile écrue) des compositions emplastiques diverses dans lesquelles sont incorporés la poudre ou un des extraits de Cantharides cités plus haut. Ces sparadraps doivent être conservés à l'abri de l'air, de la chaleur et de l'humidité, dans des boîtes en métal fermant exactement. A ces conditions, ce sont de bons médicaments d'un emploi facile et sûr.

Pommades épispastiques. — Les pommades dont il est question sont employées pour le pansement des vésicatoires ; il en existe deux : la verte ou forte et la jaune ou douce. Leur préparation diffère en ce que dans l'une, la verte, les Cantharides entrent en nature à l'état de mélange, tandis que l'autre, la jaune, est obtenue par solution.

La pommade verte s'obtient en incorporant 10 gram. de Cantharides en poudre fine dans 280 gram. d'onguent populéum et 40 gram. de cire blanche. Cette pommade est plus active que la jaune.

La pommade jaune se prépare de la façon suivante : On fait digérer au bain-marie, pendant quatre heures, 15 gram. de Cantharides grossièrement pulvérisées et 1 gram. de curcuma en poudre dans 210 gram. d'axonge ; on passe avec expression et on ajoute 30 gram. de cire jaune fondue préalablement ; on remue le mélange, et quand il est presque refroidi, on verse 1 gram. d'huile essentielle de citron.

PAPIERS ÉPISPASTIQUES. — On se sert aussi, pour panser les vésicatoires, de papiers épispastiques qu'on enduit sur un seul côté, quelquefois sur les deux, d'une préparation à base de poudre de Cantharides dont voici la formule :

Cire blanche	240 gram.	
Blanc de baleine	90	—
Huile d'olive	120	—
Térébenthine de mélèze	30	—
Cantharides en poudre	30	—
Eau	30	— F. S. A.

Cette formule donne le papier n° 1 ; on pourrait obtenir un papier n° 2 et même un papier n° 3 en augmentant de 10 gram., pour chaque numéro de papier, la quantité de Cantharides. Ces papiers sont fort commodes pour le pansement des vésicatoires et d'un emploi plus facile que les pommades.

La Cantharide ayant été employée pour combattre un certain nombre d'affections tant internes qu'externes, il existe, par suite, une multitude d'autres préparations dont il serait trop long et hors du sujet assurément de donner les formules. Nous nous contenterons de dire que les unes, qui sont des pommades, des liniments, servent comme frictions excitantes. D'autres, qui sont des teintures, des infusions, des vins, des mixtures, des baumes, ou même des pastilles et des pilules, sont employées contre la paralysie de la vessie, l'incontinence d'urine, l'anaphrodisie, etc., etc.

ALTÉRATIONS, FALSIFICATIONS, SUBSTITUTIONS.

Ainsi du reste que tous les produits qui jouissent dans le commerce d'un prix relativement assez élevé pour que le vendeur puisse, en les altérant ou les falsifiant, réaliser d'assez sérieux bénéfices, les Cantharides sont l'objet de fraudes coupables. On devra donc d'abord s'assurer que les Cantharides sont entières, brillantes, qu'elles ne sont pas attaquées par les mites, les anthrènes, etc., ce qu'il est facile de vérifier en examinant le fond des bocaux ou des vases qui les contiennent, et, si l'on ne trouve au fond de ces récipients ni débris ni vermoulures, on peut être certain que les Cantharides sont nouvelles et en bon état de conservation.

Les Cantharides ainsi entières et brillantes ne peuvent guère être falsifiées avec succès ; pourtant il arrive fréquemment que les marchands introduisent dans les bocaux qui les contiennent et mélangent avec elles plusieurs insectes de l'ordre des Coléoptères parés de couleurs métalliques rappelant celles de ces Vésicants. Dans ce nombre citons : Le Callichrome musqué (*Aromia moschata*), la Cétoine dorée (*Cetonia aurata*), la Lytta de Syrie (*Lytta syriaca*). 1° Le Callichrome musqué, qui vit en mai sur les saules et exhale une odeur de rose bien marquée, est un longicorne dont la taille est bien plus grande que celle des Cantharides. Privé même de ses pattes, de ses longues antennes et de la tête, qui permettraient de le reconnaître à première vue, si l'on compare l'insecte ainsi mutilé à une Cantharide, on voit que son thorax arrondi, plus volumineux que ses élytres un peu coniques et non parallèles, que sa couleur aussi, toujours plus foncée et d'un éclat moins vif que celle des Cantharides, le différencient notablement de celle-ci.

2° La Cétoine dorée, d'un beau vert métallique, se rapprochant beaucoup de la Cantharide par la couleur, en diffère, à moins qu'elle ne soit pulvérisée, par sa forme ramassée et ovalaire, sa longueur bien moindre, sa largeur surtout relativement considérable, et la nervure saillante du bord interne des élytres. La Cétoine dorée appartient à la tribu de Lamellicornes, et il est certain qu'il est très facile de la reconnaître.

3° La Lytta de Syrie, que l'on trouve mélangée aux Cantharides qui proviennent d'Allemagne, est un Vésicant aussi, mais d'une énergie moindre, et elle est facilement reconnaissable à sa taille, d'un tiers plus petite, et à son corselet rouge.

Souvent les Cantharides qui proviennent de la Russie sont grasses ; les marchands juifs de ces pays les plongent dans l'huile froide, dans le double but de les conserver et d'augmenter leur poids, et les soumettent à un égouttage avant de les expédier. Les taches d'huile qui maculent le papier qui enveloppe ces insectes suffisent à déceler la fraude, et il est facile, par un prompt lavage à l'éther, de séparer une partie de l'huile provenant de l'immersion.

On trouve encore, dans le commerce, des Cantharides auxquelles on a enlevé une partie de leur cantharidine en les immergeant dans l'alcool (le principe actif est enlevé pour le faire servir à la préparation des taffetas vésicants). Puis ces Cantharides, bien séchées, sont mélangées avec d'autres de bon aloi. Ici, la fraude est moins évidente ; mais on en obtient la preuve, soit par la quantité moindre d'extrait que fournissent ces Cantharides, soit en faisant le dosage de la cantharidine. Or, des expériences nombreuses faites, il résulte qu'un kilogr. de Cantharides en poudre de bonne qualité doit donner de 150 à 160 gram. d'extrait, et, pour la richesse en cantharidine, elle doit au dosage être en moyenne de 1/2 $^{0}/_{0}$, soit 5 millièmes.

Dans le but de soustraire aux Cantharides leur principe actif, on les fait aussi macérer dans l'essence de térébenthine. Pour leur rendre leur aspect primitif, on les passe à l'étuve, au sortir de laquelle elles sont brillantes, et on les livre au commerce comme Cantharides de bon aloi ou mélangées avec ces dernières. Mais, par un simple lavage à l'éther rapidement opéré, on obtient une matière résineuse qui décèle la fraude. Quelquefois aussi on mouille les Cantharides pour leur donner du poids. Ici, il suffit de les dessécher à l'étuve; une pesée nouvelle, qu'on effectue après cette opération, permet d'apprécier la fraude par la perte de poids qui est constatée.

La poudre de Cantharides est facile à falsifier, et Pereira l'a fréquemment trouvée falsifiée avec la poudre de la résine d'euphorbe. Pour reconnaître cette fraude, ou fait bouillir la poudre au bain-marie avec une quantité d'alcool à 22°; on filtre à chaud et, par le refroidissement, la gomme résine se dépose. Encore cette poudre contient-elle une certaine quantité de Cantharides ! Mais M. le Dr Heckel, professeur à la Faculté des Sciences de Marseille, m'a signalé une fraude autrement coupable : c'est l'emploi des Cétoines dorées pulvérisées que l'on mêle à de la résine d'euphorbe en poudre. Cela fait, paraît-il, un mélange rappelant la poudre de Cantharides, et qui est parfaitement vésicant, ainsi qu'il résulte des propres observations de ce savant professeur.

Il suffira sans doute de traiter cette poudre, comme la précédente, par l'alcool à 22° pour déceler la présence de l'euphorbe en laissant refroidir. Quant au résidu brillant composé de Cétoines dorées en poudre, si on l'applique sur la peau, il ne donnera aucune vésication, puisque cet insecte ne contient pas de Cantharides.

III.

ESSAIS PRATIQUÉS SUR QUELQUES VÉSICANTS EXOTIQUES

POUR S'ASSURER DE LEUR VERTU ÉPISPASTIQUE,

En traitant les groupes des Mylabrides et des Cantharides, j'ai donné la description des sept espèces exotiques sur les pouvoirs vésicants desquelles j'ai essayé quelques expériences ; avant d'aborder l'étude de la partie thérapeutique de ce travail, il me semble logique de placer le résultat de ces investigations.

Il est bon que je fasse observer, dès le début, que les insectes dont j'ai pu disposer, et qui m'ont servi, étaient déjà assez anciens, que le nombre de sujets de chacun d'eux en ma possession était restreint (4 à 12), et que, de plus, tous avaient fait un séjour plus ou moins prolongé dans de l'eau-de-vie à 52° ou dans du tafia. Le petit nombre d'exemplaires en ma possession n'a pas permis à M. Sauvaire d'essayer le dosage de la cantharidine, ce que je regrette très vivement. J'ai donc dû me contenter de faire la preuve de la vertu vésicante des espèces décrites plus haut ; et comme ces espèces, ainsi que je viens de le dire, étaient déjà anciennes (la récolte en remonte de trois à six ans), nous avons dû négliger le premier procédé indiqué par M. Beauregard, qui consiste à pulvériser l'insecte et à appliquer la poudre ainsi obtenue sur l'avant-bras, après l'avoir humectée légèrement. Il nous a paru plus sûr pour arriver à un résultat favorable, vu les conditions mauvaises en apparence dans lesquelles nous opérions, d'employer le deuxième procédé que donne l'auteur que nous venons de citer, procédé dû au Dr Galippe. Par ce procédé, après avoir pulvérisé grossièrement l'insecte s'il est sec, ou l'avoir di-

visé s'il est frais, on le traite par l'éther acétique à une température de 30° environ. Après douze heures de macération, le
liquide est décanté, le résidu exprimé, et le tout. après filtration,
est abandonné à l'évaporation. On obtient ainsi, dit M. Beauregard, une huile colorée, généralement brunâtre, et des cristaux
aiguillés de cantharidine, si celle-ci existe. C'est ce mélange
d'huile et de cristaux que l'on applique.

La petite quantité de poudre fournie par chacune de nos espèces après pulvérisation (de $1^{gr},60$ à $0^{gr},50$), le séjour antérieur
de ces insectes dans de l'eau-de-vie qui avait pu dissoudre déjà
une partie de leur cantharidine, et leur ancienneté relative, nous
ont engagé à modifier quelque peu le procédé Galippe, et voici
comment j'ai opéré.

Sur les conseils de M. Sauvaire et avec son aide, j'ai traité
la poudre par l'éther acétique à la température ordinaire (14° à
18° environ) et laissé macérer pendant dix jours au moins (jusqu'au moment de l'application) dans des tubes à essais hermé-
tiquement bouchés; puis, plaçant le tout dans une capsule en por-
celaine, quelques heures avant l'application, j'ai laissé évaporer
à l'air libre. Je n'ai ni décanté le liquide, ni exprimé le résidu,
ni opéré de filtration : il fallait ne rien perdre des quantités que
je possédais, et, au lieu d'appliquer le mélange d'huile et d'aiguilles de cantharidine, c'est la poudre imprégnée de son huile
brunâtre, encore en suspension dans une très minime quantité
d'éther acétique et contenant les aiguilles de cantharidine, dont
j'ai fait l'application.

Voici comment j'ai opéré généralement pour appliquer ces résidus. J'ai pris un morceau de papier à filtrer blanc de quelques
centimètres carrés, 8 à 9 environ, je l'ai plié en quatre, et, dans
l'angle d'un des plis ainsi formés, j'ai déposé le résidu en question, en l'étendant ensuite sur le papier; puis j'ai appliqué sur la
peau (le plus souvent de l'avant-bras) mon carré de papier, en
ayant soin de le disposer de façon qu'il n'y eût entre la peau et

la poudre en essai qu'une seule épaisseur de papier (deux fois seulement, j'ai appliqué directement sur la peau), puis j'ai placé pardessus un morceau de gutta-percha laminée et assujetti celle-ci, soit par un tour de bande, soit, ce qui est préférable, par des ronds élastiques, des liens en caoutchouc assez souples pour maintenir le pansement sans opérer de constriction sur le membre. On peut en effet plus facilement, par ce moyen, observer ce qui se passe et visiter sans grand dérangement la partie sur laquelle est appliquée la matière vésicante en essai.

L'*Epicanta flavicornis* (du Sénégal) a été mon premier essai, et le résultat obtenu a été si rapide et si violent, a dépassé tellement mes prévisions, que je me suis demandé si c'était bien à la poudre de cet insecte que je devais la vésication énergique que je venais d'obtenir ; si, en réalité, je n'en devais pas attribuer une part tout au moins à la quantité d'éther acétique, très minime il est vrai, qui humectait encore la poudre en essai.

En effet, l'éther acétique est employé à l'extérieur en frictions excitantes ; de plus, bien que la plupart des auteurs affirment qu'il se conserve sans s'altérer, quelques-uns ont prétendu qu'il se décomposait avec le temps, et qu'ainsi altéré il contenait alors de l'acide acétique. N'était-ce pas à cet acide acétique, qui est pour le moins rubéfiant, que je devais en partie cette vésication si énergique ? Je ne le pensais pas ; mais je n'ai pas voulu pousser plus loin mes expériences sans m'assurer du fait. Dans ce but, j'ai pris un tampon de charpie de la grosseur d'une noisette, je l'ai plongé dans ce même éther acétique dont je m'étais servi pour la macération de mes espèces vésicantes, et quand il a été complètement imprégné, le glissant dans du papier à filtrer, je l'ai appliqué sur mon avant-bras gauche et placé dans des conditions identiques à celles de mon premier essai avec la poudre de l'Epicanta.

J'ai senti au bout de quelques minutes une chaleur à la peau assez vive ; mais ce symptôme n'a pas persisté, il était dû sans doute à l'évaporation de l'éther acétique; et quand, après huit heures d'application, sans avoir ressenti la moindre douleur, le moindre picotement, j'ai retiré le pansement, il n'y avait aucune trace de vésication ou même de rubéfaction, et la peau qui avait subi le contact du tampon imbibé d'éther acétique pendant huit heures, était simplement ramollie, macérée, portant l'empreinte de ce tampon.

L'expérience était, en somme, concluante: l'éther acétique n'avait été pour rien dans la vésication produite, et je pouvais continuer mes essais, comme je les avais commencés, sans rien changer au mode de procéder. J'ai décrit les espèces dont il s'agit dans le groupe respectif auquel elles appartiennent; c'est en suivant cet ordre que je tracerai les effets produits par chacune d'elles.

PREMIÈRE OBSERVATION.

Mylabris trifasciata. Thunb (Sénégal). — Quantité de poudre essayée 1^{gr},22.

Le nommé G..., soldat au 4e de Marine, est en traitement pour hydarthrose du genou droit; des vésicatoires ont été déjà appliqués autour de cette articulation pour combattre la maladie. J'applique directement sur la peau, au-dessus de la rotule et sur la partie interne du genou, le résidu formé par la poudre de cet insecte, en l'étendant un peu de façon à obtenir un vésicatoire aussi grand que je pourrai avec le peu de matière dont je dispose; je recouvre de gutta-percha laminée et j'applique quelques tours de bande en huit de chiffre. Il est 6 heures du soir quand le pansement est terminé. Le malade accuse une chaleur très vive sur la partie de la peau en contact avec la poudre peu de temps après l'application, puis des cuissons; une heure après, la douleur est assez vive en ce point, presque lancinante. Le lendemain matin à 7 heures, ce jeune soldat déclare n'avoir pu dormir de la nuit par le fait de la douleur, et, en enlevant le pansement, je trouve une immense phlyctène bondée de sérosité, occupant non seulement tout l'espace recouvert par la poudre de ce Mylabre, mais encore ayant largement empiété tout autour. La partie ainsi atteinte représente les trois quarts d'un fer à cheval de 7 cent. de largeur. L'abondance de la sérosité m'incline à penser que la vésication remonte déjà à plusieurs heures et qu'il n'a pas fallu à la poudre plus de trois à quatre heures pour produire la vésication. A la suite de cette application, le malade a eu de la fièvre et a souffert de son genou pendant deux jours. Tout porte à croire qu'elle est due à la phlegmasie locale, puisqu'elle a disparu avec la cessation de l'inflammation.

OBSERVATION II.

Mylabris affinis, Bilberg (Sénégal).— Quantité de poudre essayée 0gr,50.

Appliquée à 10 heures du matin sur l'avant-bras droit d'un jeune matelot, le nommé R...,et dans les conditions indiquées plus haut, la poudre de ce Mylabre cause une légère chaleur tout d'abord, qui se dissipe ensuite. A 11 h. et demie, le malade accuse des picotements et une sensation légère de brûlure. A 2 heures, il y a de la douleur, qui s'accentue de plus en plus. A 3 heures, la douleur est plus vive, surtout en remuant le bras. J'enlève le pansement et je trouve une phlyctène bien formée au niveau du centre du papier où se trouve la poudre. La vésication est donc survenue après moins de cinq heures d'application. Je retire le carré de papier contenant la poudre, perce la phlyctène, qui laisse échapper la sérosité, et je place un linge cératé. Le soir, je constate que la sérosité s'est reformée et que la vésication s'est étendue et occupe exactement toute la surface qui a été recouverte par le papier. Ce fait, que je signale, s'est reproduit constamment dans tous mes autres essais, bien que j'aie eu plus tard le soin, afin de débarrasser la peau de toute matière vésicante, de laver avec une éponge trempée dans de l'eau tiède la partie attaquée, et de la sécher ensuite avant de crever l'ampoule et d'appliquer le linge cératé. Il confirme du reste ce que dit Gübler:« qu'une fois le soulèvement épidermique commencé, le contact n'est plus nécessaire et que l'action vésicante se complète d'elle-même par suite de l'évolution régulière de la phlegmasie artificielle».

OBSERVATION III.

Mylabris sp. ?, baie d'Along (Tonquin). — Dose de poudre essayée 0gr,50.

Cette poudre a été appliquée directement sur la peau, sur la partie externe du genou du nommé G..., déjà cité dans notre Obs. i. Les symptômes observés ont été à peu près les mêmes, un peu moins

violents peut-être, et l'énergie de la poudre de ce Mylabre presque
identique à celle de celui qui fait l'objet de la première Observation.
Ampoule volumineuse au bout de quatre à cinq heures, percée et
pansée comme plus haut.

OBSERVATION IV.

Dices Guineensis, Marseul (Sénégal). — Quantité de poudre essayée 0^{gr},50.

La poudre a été appliquée comme il est dit dans l'Obs. II, sur l'a-
vant-bras droit et dans des conditions identiques, à 9 h. 30 matin. A
11 h., le nommé M... ressent de l'engourdissement, de la chaleur à
la peau, mais pas encore de douleur. — A midi, cuisson assez vive,
sensation douloureuse de brûlure bien manifeste. A 1 h. 30, la vésication est bien marquée, phlyctène irrégulière avec sérosité assez
abondante de la grandeur d'une pièce de 50 centimes. Même façon
d'opérer que dans l'Obs. II et reproduction des mêmes phénomènes.
La vésication a donc été produite ici en trois heures trente.

OBSERVATION V.

Dices vestita, Reiche (Sénégal). — Quantité de poudre essayée 0^{gr},52.

Application sur l'avant-bras gauche du nommé M..., ouvrier,
42 ans, sujet de la précédente Observation. L'opération a eu lieu le
même jour, à la même heure, 9 h. 30 matin. Après la chaleur légère
à la peau observée pour tous au début de l'application (sensation
qui généralement ne persiste pas), cet homme ne ressent qu'un peu
d'engourdissement dans ce bras jusque vers 1 heure de l'après-midi ;
à ce moment, il y a de la chaleur, de la gêne, un peu de douleur. A
3 h., cuissons assez vives. A 3 h. 30, je retire le pansement et je constate une vésication assez marquée ; la phlyctène est pourtant peu
volumineuse et a mis six heures à se produire ; la sérosité qu'elle
contient est peu abondante. Je procède comme j'ai dit plus haut, et,
dans la soirée, la vésication s'est étendue à toute la surface qui a été
en contact avec le papier.

OBSERVATION VI.

Epicanta flavicornis, Dejean (Sénégal). — Quantité de poudre essayée 1^{gr},60.

Appliquée à 9 h. 30 du matin sur l'avant-bras gauche de M. A...,
officier de la Marine, 44 ans, la poudre de cet Epicanta manifeste son

effet moins de trois quarts d'heure après, par un sentiment d'engourdissement et de chaleur très vive à la peau. A 11 h., la douleur est déjà
cuisante, s'aggravant au moindre mouvement, et comme à midi M. A...
me déclare souffrir beaucoup, je visite le pansement. Je suis tout étonné
de trouver, après deux heures trente seulement d'application, l'épiderme soulevé, non seulement dans toute la partie qui a été en contact
avec la peau, mais même tout autour à un bon centimètre au delà,
si bien qu'il existe un vésicatoire près de deux fois aussi grand que celui que j'avais voulu obtenir, et la phlyctène formée contient déjà beaucoup de sérosité. C'est donc en deux heures trente minutes au plus que
la vésication a été produite par la poudre de cet Epicanta, et, bien que
la quantité de celle-ci fût, il est vrai, plus grande, pourtant elle ne me
paraît pas suffisante pour expliquer la rapidité et même l'énergie des
effets obtenus, car je dois ajouter que chez cet officier il y a eu re-
tentissement de l'inflammation sur l'appareil génito-urinaire, qui
s'est manifesté par une ardeur assez vive le long du canal de l'urèthre pendant l'émission des urines.

OBSERVATION VII.

Cantharis ruficeps, Illiger; Hanoï (Tonquin). — Quantité de poudre employée
0^{gr},50.

Application à 10 h. du matin, dans les mêmes conditions que les
trois précédentes, sur l'avant-bras gauche du nommé O..., matelot
de 3e classe, 23 ans. Après la sensation de chaleur au début, qui pourtant ne disparaît pas complètement, le malade accuse à 11 h. de
l'engourdissement et un peu de cuisson. A 1 h., la douleur est assez
vive et les mouvements du bras rendent cette douleur plus aiguë. A
2 h., je visite le pansement et je trouve une phlyctène très volumineuse ayant exactement la forme carrée du papier Joseph qui contient la matière vésicante. Cette Cantharide a donc mis quatre heures pour produire une vésication complète. Je remarque en outre
dans ce dernier essai ce fait particulier : Le papier à filtrer qui a
contenu la poudre a pris une teinte vert-clair très manifeste, coloration, du reste, que j'avais observée dans l'éther acétique de cette
macération ; pour tous les autres, la coloration était d'un jaune
tirant sur le brun et le plus souvent à peine marquée.

En résumé, sept insectes de la tribu que nous étudions, ap-

partenant à quatre genres différents, ont été essayés, et chez tous,
malgré les conditions dont j'ai parlé et qui me paraissaient mauvaises, la vertu vésicante s'est toujours montrée souvent très
énergique et généralement rapide.

Il faudrait assurément, pour pouvoir dresser une liste par ordre
de richesse en cantharidine de ces sept espèces, avoir pu doser
ce principe actif chez chacune d'elles ; pourtant, d'après les vésications obtenues et leur rapidité, je crois pouvoir les classer
dans l'ordre suivant :

1. Epicanta flavicornis	(Sénégal)	1.
2. Dices Guineensis	—	2.
3. Mylabris trifasciata	—	3.
⎧ Mylabris sp ?	(Tonquin)	4.
4.⎨ Cantharis ruficeps	—	5.
⎩ Mylabris affinis	(Sénégal)	6.
5. Dices vestita.	—	7.

Il m'est permis aussi de penser, d'après ces mêmes résultats,
que le médecin de la Marine, souvent exposé à se trouver en expéditions lointaines, dans des postes militaires éloignés, au dépourvu de la poudre ou du sparadrap de Cantharides que nous
fournit le Département de la Marine, ou bien encore possédant
ces substances, mais avariées par la chaleur humide des pays intertropicaux et ayant perdu leur pouvoir épispastique, pourra
sans crainte s'adresser aux insectes de la tribu des Vésicants du
pays qu'il habite et trouver en eux des moyens sûrs et puissants
de vésication, et par suite de révulsion, soit en pilant ces animaux
tout vivants, suivant la méthode employée par les Sardes, avec
les Méloés et les appliquant sur la peau entre deux linges, soit
en les faisant sécher et les introduisant après pulvérisation dans
l'axonge ou un corps gras quelconque pour servir de véhicule,
soit enfin en humectant simplement avec de l'eau ou du vinaigre la poudre obtenue et l'appliquant directement sur la peau.

IV.

THÉRAPEUTIQUE.

Ainsi que nous le savons par ce qui précède, les insectes de la tribu des Vésicants dont nous venons de nous occuper, doivent leurs propriétés à la cantharidine, qui constitue en réalité le seul principe actif qu'ils possèdent; ce qui le prouve, c'est que les diverses préparations dans lesquelles entre la Cantharide (nous parlons ici de la Cantharide, et c'est elle dont nous étudierons l'action dans cette partie de notre sujet, parce que, en définitive, en Europe tout au moins, on ne se sert guère que d'elle en médecine), ces préparations, dis-je, deviennent absolument inertes si l'on en fait disparaître ce principe. De plus, il faut observer qu'on obtient, par l'application ou l'ingestion de la cantharidine, des effets analogues à ceux qu'on obtiendrait de la poudre de Cantharides, ce qui est une preuve de plus à l'appui de ce que nous venons de dire, et d'où il est facile de conclure que toutes les vertus que nous reconnaîtrons au principe actif doivent aussi s'appliquer à l'insecte en nature, avec cette différence pourtant qu'il faudra, pour produire le même effet, une dose relativement plus forte de cantharidine que de poudre de Cantharides ; c'est-à-dire que $0^{gr},10$ de cantharidine agiront autant que 2 gram. de poudre de Cantharides, qui pourtant ne renferment que $0^{gr},01$ de cantharidine, fait assez étrange et qu'on ne peut guère expliquer que par un changement d'état moléculaire subi par la cantharidine pendant la préparation.

Mise en contact avec la peau, la Cantharide en poudre, quelques heures après son application, détermine un engourdissement qui, d'abord légèrement douloureux, ne tarde pas à faire place à une douleur assez vive, brûlante ; la peau rougit légèrement, puis de petites bulles se forment qui soulèvent l'épiderme ; ces petites bulles s'accolent les unes aux autres, se réunissent et forment une phlyctène unique, assez semblable à celle que produirait une brûlure, et dans laquelle est enfermée une sérosité citrine, transparente, contenant presque toujours de la fibrine.

Si l'on perce cette mince couche d'épiderme qui emprisonne la sérosité, celle-ci s'écoule ; puis sous l'épiderme, qu'on enlève aussi, on trouve à la surface de la peau une couche de lymphe semi-coagulée qui disparaît avec facilité, mais se reforme bien vite, de manière à constituer de fausses membranes. Celles-ci, peu adhérentes d'abord, finissent par le devenir de plus en plus et former une sorte d'épiderme artificiel qui se sèche et sous lequel on trouve au bout de quelques jours un tissu mince, rose, analogue à l'épiderme d'une cicatrice récente.

L'action de la Cantharide ou, mieux encore, de son principe actif sur les muqueuses est bien plus vive. Sur cette peau dépourvue d'épiderme la vésication se fait plus rapidement, et il suffit de l'application d'une très faible solution huileuse de cantharidine, et dont la durée ne dépasse pas vingt minutes, pour déterminer la destruction rapide de l'épithélium et une exsudation d'apparence pseudo-membraneuse. Si l'on détache la concrétion pelliculaire, d'abord mince, puis opaque, qui s'est formée, elle ne tarde pas à se reproduire, et cela pendant plusieurs jours de suite. Bretonneau affirme que, après la guérison obtenue, la cantharidine demeure sans effet sur la cicatrice ainsi formée ; mais il faut plutôt croire qu'il en est pour cette partie de la muqueuse qui a déjà subi l'action de la cantharidine comme pour la peau soumise aux mêmes effets et que ce produit ne reste pas inerte ; son action sur la muqueuse sera seulement plus modérée, moins énergique ; l'inflammation cantharidienne aura, en somme, perdu de sa force, en récidivant sur place à courte échéance.

Ce sont là les effets locaux produits par l'application de la Cantharide. Mais la cantharidine, insoluble dans l'eau, se dissout au contraire dans le sérum alcalin, et alors il arrive parfois qu'une certaine portion de ce principe actif, venant à passer par endosmose de la surface de la peau dans cette sérosité que nous avons vue soulever l'épiderme et à s'y dissoudre, se trouve, par suite, en contact avec les papilles dénudées du derme, est rapidement absorbée et ne tarde pas à déterminer des effets généraux dus à son absorption. Ces effets, qui varieront évidemment d'intensité suivant les quantités absorbées, ne se manifestent qu'un certain temps après l'application d'un vésicatoire et consistent ordinairement dans une augmentation de la quantité des urines, un besoin très fréquent d'uriner, des urines foncées, troublées par de légers énéorèmes, une sensation de chaleur douloureuse se faisant sentir pendant la miction le long du canal de l'urèthre et surtout au méat, avec une tendance prononcée à l'érection chez l'homme. Chez la femme, il existe une cuisson plus prononcée en urinant, rarement accompagnée d'éréthisme érotique. Tels sont les effets généraux qui accompagnent quelquefois l'application d'un vésicatoire, et dont la durée est toujours assez courte. Mais si la dose de cantharidine absorbée a été plus forte ou si la peau a été recouverte de larges vésicatoires et surtout si ces vésicatoires ont été appliqués sur des surfaces récemment scarifiées, les phénomènes qui se montrent sont plus violents que ceux que nous venons de décrire ; les urines, qui sont rendues avec peine, sont d'une couleur citrine foncée, quelquefois même elles sont sanguinolentes, contiennent des fausses membranes et de l'albumine, et il se développe une véritable cystite cantharidienne, ainsi que l'ont mis à jour les autopsies faites par Morel-Lavallée et Andral. On dirait que sur la muqueuse de la vessie il s'est produit, sous l'influence de la cantharidine absorbée, une inflammation avec exsudation pseudo-membraneuse comme celle qui s'est produite à la surface de la

5

peau. Quant à la présence de l'albumine dans l'urine, elle ne reconnaît pas seulement pour cause l'inflammation vésicale, mais aussi une lésion rénale ; et Bouillaud, qui le premier a fait connaître l'albuminurie causée par la Cantharide, en a donné la preuve en montrant les reins injectés, etc. Ainsi que nous le verrons en faisant l'anatomie pathologique, il se produit donc, non seulement une cystite, mais aussi une endonéphrite cantharidienne, qui peut devenir une néphrite parenchymateuse par le fait d'une irritation rénale plus profonde, et c'est cette affection qui est le point de départ de l'albuminurie qu'on constate dans le cas qui nous occupe.

A côté de ces faits, qui mettent en lumière l'action élective irritante de la Cantharide sur les reins et la vessie, nous voyons que ce médicament, pris à l'intérieur, produit à la surface de la peau une irritation analogue dont nous avons la preuve dans l'action très réelle des préparations de Cantharides ingérées sur la guérison d'affections rebelles de la peau. En rapprochant ces faits, on peut conclure que le principe actif de la Cantharide tend à s'éliminer par les reins et par la peau, en déterminant, ici l'irritation de ces organes et l'albuminurie, et là une irritation cutanée suivie d'éruptions plus ou moins étendues.

Mais pour arriver, d'une part jusqu'aux reins et de l'autre jusqu'à la surface de la peau sans provoquer de troubles ni de lésions dans les organes de la circulation qu'elle a pourtant traversés, la cantharidine, si active, si irritante, a-t-elle donc perdu ses vertus ? Est-elle devenue inerte ?

Ici, deux théories sont en présence : les uns, avec Morel-Lavallée, prétendent que la cantharidine dissoute dans le sérum du sang se combine avec la soude du sérum et traverse ainsi, grâce à son alcalinité, le torrent circulatoire, pour ne reprendre sa liberté et, par suite, son action irritante qu'en arrivant dans la sueur et dans l'urine acides. Martin-Damourette s'est basé sur cette théorie pour proposer d'alcaliniser l'urine, et d'éviter ainsi les souffrances si vives de la cystite cantharidienne en, faisant prendre au malade de 10 à 15 gram. de bicarbonate de soude en vingt-quatre heures, pratique qui n'est pas dans toutes les maladies d'une application bien facile.

D'autres au contraire, et Gübler à leur tête, pensent que l'albumine du sang joue un rôle en quelque sorte providentiel vis-à-vis des produits toxiques qui ont pu pénétrer dans la circulation, et qu'elle neutralise provisoirement, en les incarcérant, pour ainsi dire, à la faveur de la combinaison qu'elle contracte avec eux. C'est ainsi, dit Gübler, qu'elle invisque ou qu'elle enrobe la cantharidine, dont la puissance demeure latente aussi longtemps que ce principe actif parcourt le torrent circulatoire, ne se manifeste qu'au moment où, exhalée par les glandes dont la sécrétion ne contient pas d'albumine (rénales, sudoripares, etc.), et, débarrassée de toute entrave, la cantharidine retrouve dans un liquide non albumineux le libre exercice de son activité.

Et, de fait, il faut bien reconnaître que cette dernière théorie paraît être la vraie, car nous avons vu qu'en s'associant avec des bases telles que la potasse et la soude, la cantharidine a formé des cantharidates alcalins, lesquels sont aussi énergiquement vésicants que les anciennes préparations officinales de Cantharides. Dès lors, on ne peut plus invoquer l'alcalinité acquise par la cantharidine dans sa combinaison avec la soude du sérum pour expliquer la perte de son activité pendant son passage dans le torrent circulatoire, et la dernière de ces théories reste seule debout.

Nous venons d'exposer les effets locaux et généraux que produisent l'application de la Cantharide sur la peau ou sur une muqueuse et son ingestion par la voie stomacale ; nous avons vu dans ce cas les accidents d'élimination consécutifs à son absorption se produire sûrement dans l'appareil génito-urinaire et à la peau, où son principe actif peut quelquefois produire une irritation substitutive avantageuse. Ce sont là les seules données certaines sur lesquelles reposent les applications thérapeutiques de

la Cantharide, applications souvent même incertaines, à l'exception pourtant de l'action vraiment héroïque de ces insectes comme
révulsif local. C'est à ce point de vue que nous allons d'abord les
étudier.

Il est incontestable que les vésicatoires à la Cantharide constituent presque l'agent révulsif le plus puissant et tout au moins
celui qui est employé le plus souvent et avec le plus d'avantages.
A ce titre, ils forment journellement la base du traitement des
affections inflammatoires, particulièrement de celles du thorax,
et sont surtout utiles, d'après Gübler, au moment où va s'établir
la défervescence ; car plutôt l'irritation cantharidique vient s'a-
jouter à l'éréthisme morbide général au lieu de provoquer à la
périphérie la crise salutaire qu'on veut obtenir. De plus, on fera
bien d'observer pour leur application certaines conditions de lieu,
indispensables souvent pour mener à bien l'affection qu'il s'agit
de traiter.

Trousseau, dans son *Étude sur l'application et l'entretien des
vésicatoires à la Cantharide*, examine la façon dont on doit panser ces vésicatoires et dissiper les accidents qu'ils peuvent déterminer.

Veut-on un simple vésicatoire volant : on doit ne pas prolonger
l'application du sparadrap vésicant, enlever la matière vésicante
dès que la phlyctène est formée et pratiquer dans la partie déclive
de celle-ci une ouverture qui permettant à la sérosité de s'écouler,
laissera le chorion en contact avec l'épiderme et, tout en évitant
de la douleur, permettra à la guérison de survenir plus rapidement. Il suffira de recouvrir la partie d'un simple linge enduit
de cérat et de renouveler chaque jour ce pansement jusqu'à ce
que cesse l'exhalation de sérosité, ce qui ne tarde pas plus de
deux ou trois jours généralement.

Si au contraire on veut laisser suppurer le vésicatoire et en
faire un exutoire, il faut laisser les Cantharides en contact avec
la peau, quelques heures après que la phlyctène aura été formée,

puis enlever l'épiderme, et, comme il y a toujours au début une irritation assez vive de la peau, il y aura lieu de la tempérer en pansant le vésicatoire pendant quelques jours avec un linge enduit d'un corps gras ; puis, pour empêcher la cicatrisation de se produire, on remplacera le corps gras par une pommade épispastique, et il y aura lieu de surveiller la marche du vésicatoire, car il peut avoir des tendances à sécher ou à suppurer abondamment. Il sèche facilement chez les vieillards et chez les enfants : chez les premiers, à cause du peu de vascularité de la peau à cette période avancée de la vie, et, chez les seconds, à cause de la puissance de la force plastique dans le jeune âge, en vertu de laquelle la cicatrisation s'effectue avec une grande rapidité. Il faudra donc entretenir les vésicatoires, chez ceux-ci, avec des pommades épispastiques énergiques. Quand le vésicatoire a des tendances à suppurer abondamment, ce qui arrive chez certains malades à tempérament particulier, il suffira de peu de soins pour entretenir longtemps la suppuration.

Le vésicatoire se recouvre quelquefois de fausses membranes, grâce à la production d'une phlegmasie pelliculaire due à l'action de la Cantharide, ainsi que l'a fort bien démontré M. Bretonneau par l'instillation d'éther cantharidé dans la trachée-artère et dans le larynx de chiens soumis à ses expériences, et chez lesquels il est parvenu à déterminer ainsi une inflammation membraneuse simulant celle de la diphtérie. Dans le cas où, ces fausses membranes devenant adhérentes, le vésicatoire tend à sécher malgré l'emploi des pommades épispastiques, M. Trousseau indique, comme moyen de redonner à la plaie son énergie première, l'application d'un nouveau vésicatoire. Il ne s'agit pas ici, bien entendu, du cas où les fausses membranes qui recouvrent la plaie sont molles, grisâtres, pultacées, à odeur fétide ; un vésicatoire nouveau aggraverait les accidents, et ce sont alors des émollients, des cataplasmes qu'il faut appliquer pour obtenir bien vite une modification heureuse de la plaie.

Chez certains malades enfin, le vésicatoire s'entoure d'une éruption dartreuse ou se recouvre de végétations. Dans le premier cas, on applique, pour combattre l'affection survenue autour de la plaie, de la glycérine, des pommades résolutives, etc. Dans le second, on combat les végétations par des cautérisations avec le nitrate d'argent, le nitrate acide de mercure, l'alun calciné, le sulfate de cuivre.

Si l'application du vésicatoire amène, par le fait de l'absorption d'une certaine portion de cantharidine, de la dysurie, de la cystite, etc., nous ne voyons pas de moyens particuliers de la combattre. Nous avons vu ce qu'il faut penser de l'usage des sels alcalins ; le camphre, dont on saupoudre les vésicatoires ou que quelques médecins administrent à l'intérieur à la dose de 15 à 30 centigr., ne paraît pas plus efficace, et il n'est pas probable qu'on puisse de cette façon éviter ni combattre les accidents qui se produisent du côté des reins et de la vessie. Il faudra surtout avoir recours aux médicaments qui agissent en sens inverse du cantharidisme, c'est-à-dire aux stimulants diffusibles et à l'opium. C'est sur ces données que se sont basés Giacomini et Lanzoni pour prescrire l'alcool et les opiacés, qu'ils considèrent comme les meilleurs antidotes des accidents occasionnés par les Cantharides. Il faudra toutefois éviter de donner des huiles, qui en dissolvant et disséminant la cantharidine favorisent son absorption.

L'action de la Cantharide sur la peau et son pouvoir de déterminer la vésication, quoique fort anciennement connus, ne sont pas mentionnés dans les livres hippocratiques, et ce serait à Arétée (de Cappadoce) qu'on devrait l'emploi des Cantharides pour obtenir des vésicatoires. Pourtant, si cette action vésicante et locale des insectes qui nous occupent n'était pas connue des anciens, ce qui semble surprenant, il n'en est pas de même de la puissance de la Cantharide prise à l'intérieur.

Hippocrate conseillait ce médicament dans l'hydropisie, l'apoplexie, l'ictère ; il s'en servait aussi dans les accouchements laborieux pour solliciter l'expulsion du fœtus et du placenta, et avait cru constater aussi les propriétés emménagogues de ce médicament. Enfin les phénomènes du cantharidisme vésical ne lui avaient pas échappé, puisqu'il signale la strangurie.

Depuis, la Cantharide prise en poudre ou en teinture a été essayée dans une multitude d'affections et préconisée par Richter, Lieutaud, comme hydragogue; par Groenvelt, contre la dysurie, la paralysie de la vessie, l'incontinence et la rétention d'urine. Elle a été ordonnée dans les cas d'aménorrhée et de dysménorrhée rebelle par Burdach et Murray. Dans le traitement de la pyélite, du catarrhe vésical, elle aurait aussi produit de bons effets. De nos jours, elle a été aussi employée dans la blennorrhagie.

D'après Gübler, la Cantharide n'est indiquée que dans les maladies rénales, cutanées et pulmonaires, son principe actif s'éliminant surtout par les reins, mais aussi par la peau et la surface respiratoire, et elle ne pourra agir formellement que dans certaines formes d'affections chroniques des éléments de la peau, de la muqueuse respiratoire ou du parenchyme rénal et de la membrane interne des conduits de l'urine.

C'est ainsi qu'on pourra expliquer le succès de cette médication dans la dysurie par suite d'un état d'atonie de la vessie, dans la paralysie de cet organe, dans certains catarrhes bronchiques chroniques, dans des dermatoses invétérées : psoriasis, lèpre, lichen, eczéma rebelle. Dans la blennorrhagie, elle peut agir en substituant son inflammation propre à l'inflammation existante.

Nous ne saurions terminer cette étude thérapeutique des Vésicants sans dire un mot des effets aphrodisiaques des Cantharides. Vantées dès la plus haute antiquité et connues pour la propriété qu'elles possédaient de réveiller, de stimuler le sens génésique, les Cantharides sont entrées dans la composition des breuvages abortifs et des philtres amoureux. Chez les animaux, les expériences faites sont peu favorables à l'idée d'une action aphro-

disiaque des Cantharides et n'ont donné quelques résultats affir-
matifs que pour les chevaux (étalons et juments), dont elles accroî-
traient l'activité génésique. Chez l'homme, il en serait autrement,
et nous trouvons la preuve, dans beaucoup d'auteurs, d'une véritable manie, d'une fureur érotique même, aux démonstrations
obscènes dues à l'ingestion de la poudre de Cantharides. Ces faits
sont pourtant niés par certains auteurs ; mais, ce qu'on ne peut
refuser aux Cantharides, c'est la propriété de déterminer fréquemment le priapisme, priapisme avec érections douloureuses,
fatigantes, prolongées, sans accompagnement de désirs véné-
riens et amenant quelquefois la gangrène du pénis.

Chez la femme, bien que les mêmes phénomènes n'aient pas
été signalés et bien que moins éprouvée, il existe pourtant une
certaine excitation génésique à la suite du cantharidisme vésico-
uréthral, et, de plus, la Cantharide exerce chez elle un effet abortif connu dès la plus haute antiquité.

V.

MÉDECINE LÉGALE.

Nous avons parlé, dans le chapitre précédent, de la propriété qu'ont les Cantharides de réveiller le sens génésique et de le stimuler ; nous avons vu aussi qu'Hippocrate lui-même en prescrivait la poudre à titre d'abortif. C'est quelquefois à la suite d'imprudences commises, mais le plus souvent à la suite de manœuvres coupables, que le médecin légiste aura à constater les empoisonnements par la Cantharide, et les accidents qui en résultent varieront évidemment suivant la quantité du poison absorbé.

Ces accidents se manifestent, du côté des voies digestives, par la sécheresse de la bouche, une soif vive, des douleurs à l'épigastre, des coliques, de la diarrhée, une salivation abondante. Du côté de la circulation, il y a, soit une accélération, soit plutôt un ralentissement du pouls. L'appareil génito-urinaire présente les symptômes graves de la cystite et de la néphrite cantharidienne : douleur intense le long de l'urèthre et au méat, ténesme vésical ; l'urine, sanguinolente, chargée de pseudo-membranes, est rare et l'envie d'uriner très fréquente ; érections douloureuses et prolongées de la verge. A ces symptômes viennent se joindre une anxiété très grande, de l'agitation, souvent du délire, des soubresauts, des mouvements convulsifs auxquels succèdent de la prostration, un affaissement qui va en augmentant, et la mort survient dans deux ou trois jours. Mais, même avec ces symptômes alarmants, la maladie ne se termine pas toujours par la mort, et, si la quantité du poison absorbé n'est pas trop forte, on voit le malade se rétablir peu à peu et revenir à la santé. Si au contraire la dose absorbée est massive, toxique, forcément mortelle, les symptômes précédemment décrits s'aggravent terriblement.

La soif est inextinguible ; la bouche, le pharynx, l'œsophage, éprouvent une odeur, une cuisson très vives ; il y a constriction douloureuse de la gorge et dysphagie intense. L'estomac est atrocement douloureux, et des vomissements se produisent, vomissements répétés qui amènent souvent des hématémèses. Le ventre est tendu, ballonné, douloureux à la pression ; il y a du ténesme rectal, les selles sont sanglantes ; la douleur est vive au bas-ventre. Quant aux urines, elles sont supprimées. La peau est chaude, les yeux sont injectés, brillants.

Puis le pouls se ralentit, la face se refroidit, s'altère ; les yeux, excavés, sont sans expression ; la peau se recouvre de sueurs froides, visqueuses ; il y a quelques mouvements convulsifs auxquels succède du coma, et le malade ne tarde pas à s'éteindre.

Ces derniers accidents, toujours mortels, qui constituent l'empoisonnement suraigu, ont une durée très courte, quelques heures seulement.

Examinons maintenant quelle conduite devra tenir le médecin en présence d'un cas d'empoisonnement par les Cantharides.

Sa première préoccupation sera, par des investigations habiles, de reconnaître la cause, le motif de l'empoisonnement. Il devra pour cela examiner attentivement, chez une femme, les organes génitaux, car l'empoisonnement pourrait être amené par l'ingestion de préparations cantharidées prises en vue d'amener un avortement. Les breuvages cantharidiens ont pu aussi être administrés dans le but de provoquer, de faciliter un attentat aux mœurs, et l'excitation génésique qui en a été la conséquence a pu servir à consommer ou à tenter des actes dont on pourra retrouver des traces sur le corps et les parties sexuelles de la

victime. Le médecin devra se préoccuper de cette idée, s'en pénétrer, et, guidé par ces données, ne rien négliger dans l'examen
qu'il aura à faire des sujets qui lui seront soumis.

Il est bien difficile de fixer exactement à quelle dose une préparation de Cantharides pourra occasionner la mort; car l'énergie de la préparation dépend de la qualité et du degré de conservation des insectes employés. Pourtant on peut dire que, des deux
préparations cantharidées qu'on emploie plus particulièment à
l'usage interne, il y a danger à administrer plus de 40 gouttes
de teinture ; et il ne faut sans doute pas dépasser plus de quelques grammes pour la poudre (4 ou 5), si l'on ne veut voir survenir des accidents graves. Quant au principe actif, la cantharidine,
on sait pertinemment qu'au delà de 50 centigr. elle peut amener la mort et qu'à la dose de 4 à 10 centigr. elle détermine
les accidents graves que nous connaissons.

Je ne reviendrai pas sur la médication à employer contre les
accidents causés par la Cantharide, j'en ai déjà parlé précédemment.

Par les symptômes décrits, nous avons vu comment on pouvait
reconnaître l'empoisonnement par la Cantharide. Sur le cadavre,
nous trouverons des lésions en rapport avec les symptômes observés. Voici en effet l'anatomie pathologique de cet empoisonnement.

La bouche, la langue, l'arrière-gorge, sont phlogosées, couvertes
d'une couenne blanchâtre ; elles ont subi la destruction ulcéro-
gangréneuse. Il en est de même de la grande courbure de l'estomac, du pylore et du duodénum ; les autres points de la
muqueuse gastro-intestinale sont rouges, injectés, quelquefois
ramollis. Parmi les annexes du tube digestif, le foie seul a été
parfois trouvé congestionné.

L'appareil génito-urinaire est fortement atteint. Les reins ont
une coloration foncée, signe de forte hyperhémie ; la capsule

fibreuse en est épaissie. La muqueuse des calices et des bassinets est d'un rouge violacé, on y voit souvent des fausses membranes, quelquefois des ecchymoses, des foyers apoplectiques et du sang pur. La vessie est congestionnée, ulcérée, souvent revenue sur elle-même, épaissie, ramollie ; sa muqueuse érodée et présentant en certains points des fausses membranes ; généralement elle est vide, ou le peu de liquide qui s'y trouve est de l'urine sanguinolente, quelquefois du sang pur. L'urèthre n'a généralement que des altérations superficielles de sa muqueuse, mais quelquefois on l'a trouvé, ainsi que les corps caverneux, atteint de gangrène.

Les poumons sont congestionnés, gorgés de sang, splénisés. La muqueuse des bronches est rouge, hyperhémiée. Rien de signalé du côté du cœur et des gros vaisseaux, mais le sang est à demi poisseux, peu coagulé. Quelquefois enfin on a remarqué du côté des organes encéphaliques la congestion des méninges avec épanchements séreux à la base de l'encéphale.

Pour démontrer la présence du poison, quand c'est la poudre qui a été administrée, le procédé de Poumet permet, en insufflant et en faisant dessécher l'intestin, de voir par transparence les débris verts-dorés des téguments des Cantharides. On retrouvera du reste les mêmes paillettes brillantes dans les matières fécales durcies et concassées, et, délayant dans un peu d'alccol toutes les matières suspectes, les étendant sur des lames de verre, on distinguera, en les soumettant à un rayon de lumière réfléchie, ces paillettes d'un vert brillant. Mais nous ne parlons ici que du cas où l'empoisonnement aura eu lieu par la poudre de Cantharides. Si, au lieu de cette poudre, il s'agit de teinture de Cantharides, de cantharidine, ou même de la poudre d'un Coléoptère vésicant ne possédant pas le vêtement métallique brillant de notre Cantharide, le procédé de Poumet est insuffisant, et il faudra, soit comme le conseille Taylor, recourir à l'examen histologique du résidu cristallin obtenu, soit adopter de préférence la méthode physiologique ; et après avoir, ainsi que l'indique Barruel, épuisé par l'éther les matières alimentaires ou digestives sur lesquelles on opère, appliquer sur les bras, et mieux encore sur la muqueuse des lèvres, la solution éthérée obtenue. Si cette application amène l'apparition d'une érosion, le développement d'une phlyctène, il n'y a pas de doute à avoir sur la nature vésicante de la substance qui provient des aliments ou des matières suspectes. Enfin, si la cantharidine se trouve renfermée dans des corps gras, on aura recours aux divers procédés que donne M. Dragendorff pour l'en extraire, procédés qui sont du domaine de la chimie toxicologique.

BIBLIOGRAPHIE.

Baudrimont. — Dictionnaire des falsifications et altérations.

Beauregard. — Insectes vésicants. Siège du principe actif. (Journal de Pharmacie et de Chimie, tom. xi.)

Beaupoil. — Les vertus et les principes des Cantharides. (Thèse, 1803.)

Béguin. — Histoire des insectes qui peuvent être employés comme vésicants. (Mémoire, 1874.)

Brehm. — Merveilles de la nature : les Insectes, par Künckel d'Herculais. (Voir les Méloïdes.)

Carcanague. — Étude chimique et pharmaceutique des insectes vésicants. Montpellier, 1885.

Cauvet. — Traité de matière médicale, 1877.

Collas. — Revue coloniale, 1853.

Courbon. — Mémoire sur les Coléoptères vésicants des environs de Montevideo, 1855.

Dechambre. — Dictionnaire encyclopédique des Sciences médicales. (Cantharide, Méloé, Mylabre.)

D'Orbigny. — Dictionnaire d'histoire naturelle. (Coléoptères, Cantharides, Horiales, Horia, etc.)

Duval (J.) et Fairmaire. — Genera des Coléoptères d'Europe.

Fabre (J.-H.). — Nouveaux souvenirs entomologiques. Paris, 1882.

Farines. — Journal de pharmacie, 1829.

Ferrer. — Essai sur les insectes vésicants. Paris, 1859.

Fumouze. — De la Cantharide officinale. Paris, 1867.

Galippe. — Étude toxicologique sur l'empoisonnement par la cantharidine et par les préparations cantharidiennes, 1876.

Guibourt. — Histoire naturelle des drogues simples, 1870.

Guilbert. — Histoire médicale des Cantharides. (Thèse de Paris.)

JACCOUD. — Nouveau Dictionnaire de médecine et de chirurgie prati-
ques. (Cantharides, Vésicants.)

LECLERC. — Essai sur les épispastiques. Paris, 1835.

LEIDY. — Recherches sur le siège du principe vésicant des Cantharides. (Journal américain des Sciences médicales, 1860.)

MAYET (V.). — Sur les mœurs et métamorphoses d'une nouvelle espèce
de coléoptère vésicant (Sitaris colletes). Bulletin de la Société
entomologique de France. Paris, 1875.

RIBES (J.). — Du vésicatoire cantharidé et des préventifs du cantharidisme réno-vésical. Paris, 1881.

TARDIEU. — Étude médico-légale sur les empoisonnements. Paris, 1867.

TROUSSEAU et PIDOUX. — Traité de thérapeutique, 1868-1869.

NOTA. — Il faut ajouter à cette liste toute la bibliographie du Dictionnaire Dechambre au mot : *Cantharides.*